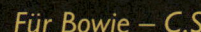
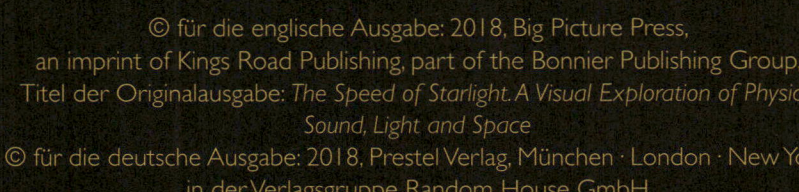

Für Bowie – C.S.

*Für meine Familie und meine Freunde,
die mich auf dieser Reise begleitet haben – X.A.*

© für die englische Ausgabe: 2018, Big Picture Press,
an imprint of Kings Road Publishing, part of the Bonnier Publishing Group,
Titel der Originalausgabe: *The Speed of Starlight. A Visual Exploration of Physics,
Sound, Light and Space*
© für die deutsche Ausgabe: 2018, Prestel Verlag, München · London · New York
in der Verlagsgruppe Random House GmbH
Neumarkter Straße 28 · 81673 München
© für den Text: 2018, Colin Stuart
© für die Illustrationen: 2018, Ximo Abadía

Der Verlag weist ausdrücklich darauf hin, dass im Text enthaltene externe Links vom
Verlag nur bis zum Zeitpunkt der Buchveröffentlichung eingesehen werden konnten.
Auf spätere Veränderungen hat der Verlag keinerlei Einfluss.
Eine Haftung des Verlages ist daher ausgeschlossen.

Aus dem Englischen von Ute Löwenberg
Lektorat: Lennart Reb
Projektmanagement: Melanie Schöni
Herstellung: Astrid Wedemeyer
Satz: textum GmbH

FSC
MIX
Papier aus verantwor-
tungsvollen Quellen
FSC® C012700
www.fsc.org

Verlagsgruppe Random House FSC® N001967

Printed in Malaysia

ISBN 978-3-7913-7363-8
www.prestel-junior.de

Wie schnell ist das Licht?

Eine Reise in die Welt der Physik

Text von COLIN STUART

Illustriert von XIMO ABADÍA

PHYSIK

SCHALL

LICHT UND FARBE

WELTRAUM

Willkommen
im
Universum

Unser Universum ist ein bemerkens-
werter Ort, der jede Vorstellungskraft
übersteigt. Es gibt Welten mit zwei
Sonnenaufgängen, Planeten, auf denen
es Diamanten regnet, und Nachthimmel
voller Sterne, wo es niemals dunkel
wird. Wenn Galaxien zusammenstoßen,
werden ihre Sterne in die einsamen
Weiten des Universums geschleudert.

SCHWARZE LÖCHER ver-
formen nicht nur Raum,
sondern auch Zeit.
STERNE explodieren mit
solcher unvorstellbaren
Wucht, dass sie heller
leuchten können, als eine
Milliarde ihrer Nachbar-
sterne zusammen.
Ein sterbender Stern kann
so zusammengedrückt
sein, dass ein Teelöffel
seiner Masse mehr wiegt
als alle Menschen der
Erde zusammen.

Schwankungen des Magnetfeldes der **SONNE** werfen **Milliarden Tonnen Gas** aus, die dann mit mehr als einer Million Kilometer pro Stunde durch das Sonnensystem rasen. Eisige **KOMETEN** tauchen nahe der Sonne in das Hitzeinferno ein, während **ASTEROIDEN** sie still umrunden.

Aber es gibt etwas, das genauso bemerkenswert ist wie die Schönheit des Universums: unsere Fähigkeit, es zu verstehen. Die Wissenschaft, besonders die Physik, macht es uns möglich, einen Blick hinter die Kulissen zu werfen und zu ergründen, wie das Universum funktioniert.

Was ist Physik?

Die Wissenschaft Physik beschäftigt sich mit **ENERGIE, MATERIE** und **KRÄFTEN**. Stell dir die Physik als ein kosmisches Kochbuch vor, das alle benötigten Zutaten – Kräfte und Teilchen – für die Welt um uns herum enthält. Dieses Kochbuch zeigt uns auch auf, wie man diese unterschiedlichen Zutaten kombinieren muss, um zu verstehen, warum sich Dinge so verhalten, wie sie es tun.

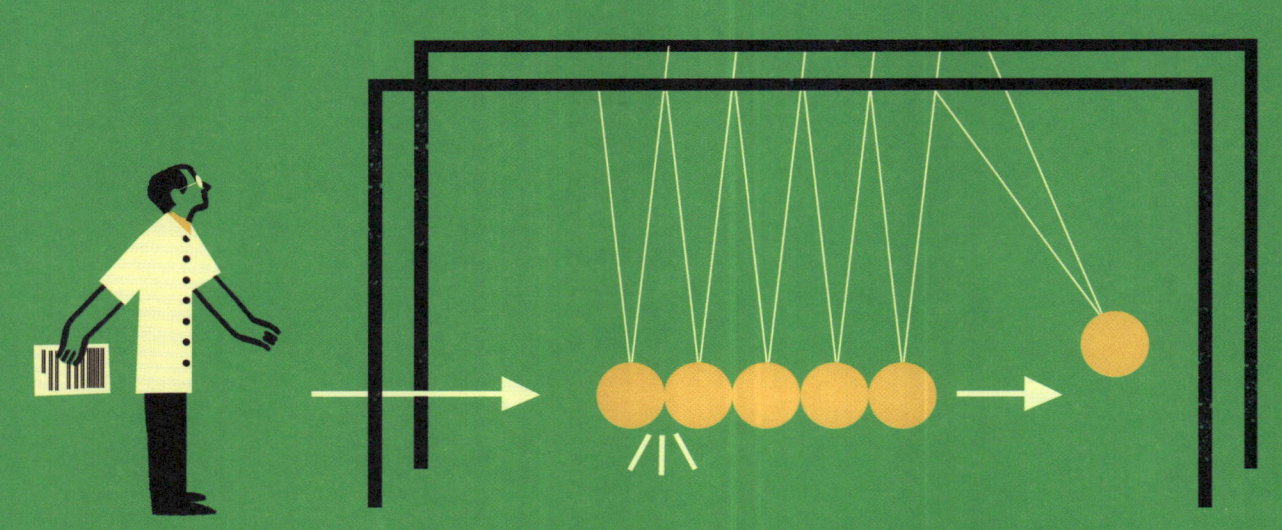

Die Physik kann in zwei Hauptregelblöcke unterteilt werden: die **QUANTENPHYSIK** für **das sehr Kleine** und Einsteins **ALLGEMEINE RELATIVITÄTSTHEORIE** für **das sehr Große**. Physiker versuchen beide zu einer riesigen „Theorie von Allem" zu vereinen, bislang erweist sich das aber als sehr schwierig.

Es gibt aber immer noch einiges im Universum, das Physiker bislang nicht erklären können. So werden Galaxien durch einen unsichtbaren, Dunkle Materie (siehe Seite 71) genannten Klebstoff zusammengehalten. Doch wissen wir bisher nicht, woraus er gemacht ist. Physik ist also nie abgeschlossen, sondern gleichermaßen der Versuch, neue Rätsel zu lösen, als auch erfolgreich alte zu erklären.

Newtons Gesetze
der Bewegung

Einer der berühmtesten **Physiker** aller Zeiten ist ISAAC NEWTON. Er machte bahnbrechende Entdeckungen zum Thema Kraft – was passiert, wenn ein Körper auf einen anderen drückt oder an ihm zieht?

Er war der Erste, der eine Theorie zur Schwerkraft entwickelte und er stellte drei Regeln auf, wie Körper sich bewegen: NEWTONS DREI GESETZE DER BEWEGUNG.

100 kg

ERSTES GESETZ

Wenn keine Kraft auf ihn einwirkt, bleibt ein unbewegter Körper unbewegt und ein bewegter Körper bewegt sich mit gleichbleibender Geschwindigkeit in dieselbe Richtung weiter.

ZWEITES GESETZ

Je größer die Kraft, die man auf einen Körper ausübt, umso stärker beschleunigt er.

100 kg

100

DRITTES GESETZ

Jede Kraft (Aktion) erzeugt eine gleichstarke Gegenkraft (Reaktion).

Die Bewegungsgesetze ermöglichen uns, Raketen in den Weltraum zu schießen. Um eine unbewegte Rakete in Bewegung zu versetzen, müssen wir eine Kraft anwenden [ERSTES GESETZ]. Das ZWEITE GESETZ sagt uns, wie viel Kraft und das DRITTE GESETZ, wo wir sie einsetzen müssen: Bei der Rakete müssen wir etwas aus ihrer Unterseite abfeuern.

HINAB zur ERDE

Fast vier Kilometer über der Erdober-
fläche springst du aus einem Flugzeug.
Du rast der Erde entgegen und der Wind
braust ohrenbetäubend. Dann öffnest
du deinen Fallschirm und alles wird still,
während du deiner sicheren Landung
entgegengleitest.

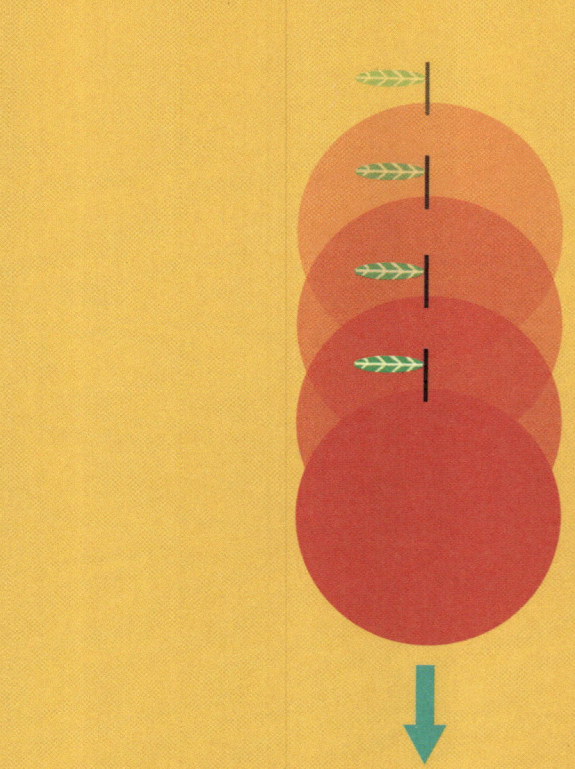

Fallschirmspringer fallen in Richtung Erde, weil
sie von den sechstausend Millionen Millionen
Millionen (Trillionen) Tonnen des Planeten nach
unten gezogen werden. Isaac Newtons geniale
Erkenntnis war, dass der Mond aus demselben
Grund um die Erde kreist, aus dem auch ein
Apfel zu Boden fällt: eine SCHWERKRAFT genannte
Anziehungskraft. Sie ist die unsichtbare Kraft,
die Körper zueinander zieht.

Wenn alle Körper sich gegenseitig anziehen, bedeutet das auch, dass du schwerkraftbedingt von diesem Buch angezogen wirst. Warum wirst du aber nicht näher zu ihm hin gezogen? Das liegt daran, dass die Schwerkraft nicht stark genug ist, die REIBUNG zwischen dem Buch und deinen Händen zu überwinden. Reibung ist **die Kraft zwischen sich berührenden Körpern, die ihre gegensätzliche Bewegung verlangsamt** oder sie aneinander haften lässt.

WIESO FÄLLT DER MOND NICHT RUNTER?

Tatsächlich fällt der Mond immerzu. Aber er bewegt sich mit der richtigen Geschwindigkeit, sodass er fortlaufend um die Erde kreist. Alle Planeten werden durch die Schwerkraft der Sonne in ihrer Umlaufbahn gehalten.

Elektrizität
und
Magnetismus

KRACH, BUMM! Über uns wütet ein Gewitter und plötzlich zuckt ein greller Lichtblitz zur Erde und erhellt den Himmel. Wenn wir die Natur so tosend und wild erleben, zeigt sich darin eindrucksvoll die Kraft der Elektrizität.

ELEKTRIZITÄT oder **elektrischer Strom** ist eine Form der Energie, die aus dem **Fluss elektrischer Ladung** entsteht. Wenn elektrische Ladung fließt, bewirkt sie noch etwas anderes: MAGNETISMUS. Elektrizität und Magnetismus sind so nah verwandt, dass Physiker beide mit derselben Kraft beschreiben: ELEKTROMAGNETISCHE KRAFT. Sie ist stärker als die Schwerkraft. Deshalb kannst du einen Magneten mit einem anderen anheben.

Elektromagnetische Kraft

Schwerkraft

Ohne Magnetismus wärst du nicht hier. Unser Planet hat dank des elektrischen Ladungsflusses im Inneren des geschmolzenen Erdkerns ein **gewaltiges Magnetfeld** um sich herum. Als Abwehrschild lenkt es viele Partikel von der Erde ab, die gefährlich für uns sein könnten. Das ist einer der Gründe, warum es so schwierig ist, Menschen zum Mars zu schicken – Schutzausrüstungen müssen entwickelt werden, wenn Astronauten das freundliche Magnetfeld der Erde verlassen wollen.

Magnetfeld der Erde

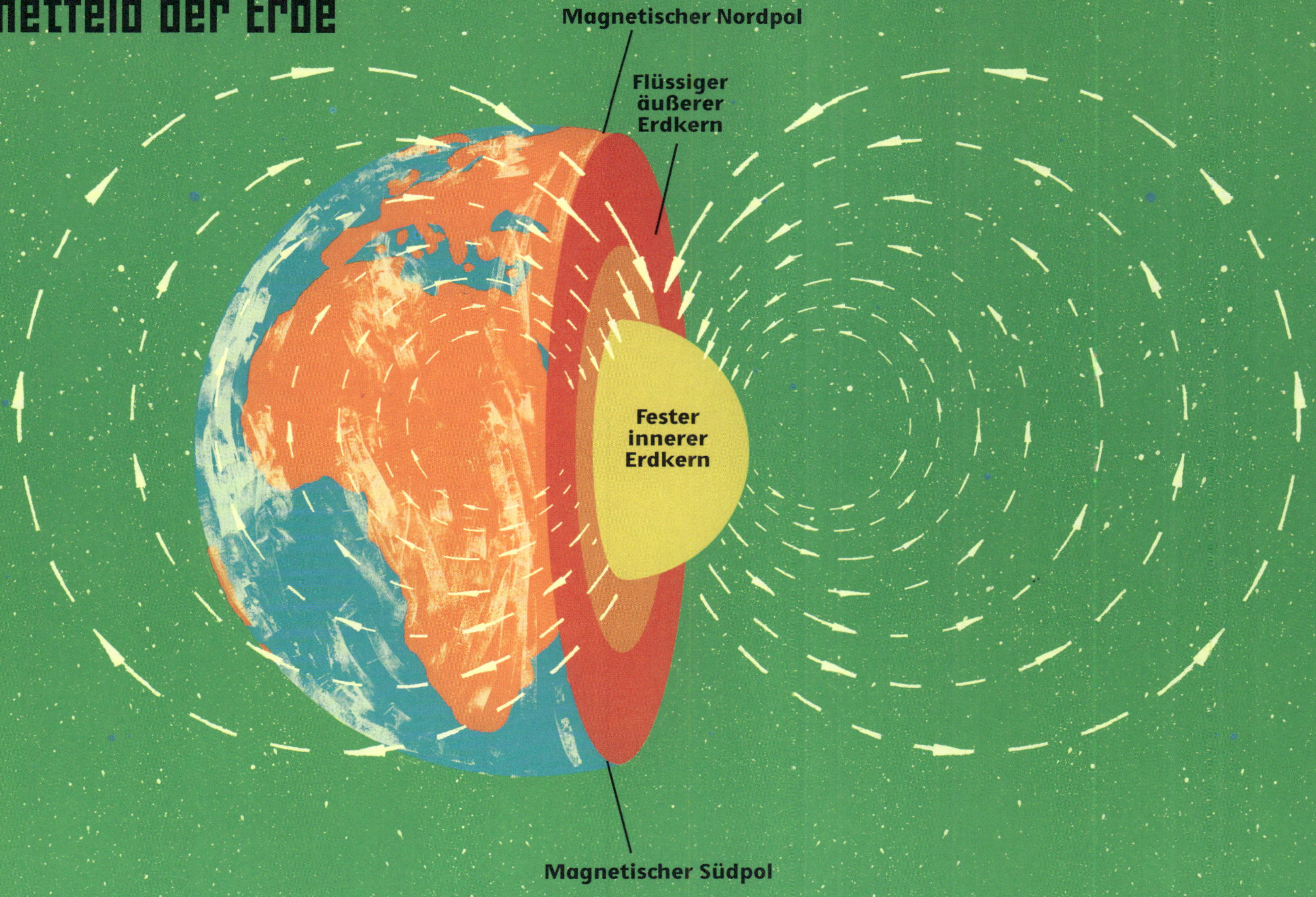

Magnetischer Nordpol

Flüssiger äußerer Erdkern

Fester innerer Erdkern

Magnetischer Südpol

Im Inneren des Atoms

Alles, was wir sehen, besteht aus **winzigen Bauteilen,** die ATOME heißen. Allein in deinem Körper gibt es mehrere Milliarden Milliarden Milliarden davon. Wenn wir über das ganze Universum sprechen, dann geht es um Zahlen mit 80 Nullen! Das sieht ungefähr so aus:

100 000 000 000 000 000 000 000 000 000 000 000 000 000 000 000 000 000 000 000 000 000 000 000 000 000 000 000 000 000

Das Atom

Du kannst dir ein Atom wie eine Miniaturversion des Sonnensystems vorstellen: Es gibt einen ATOMKERN im Inneren (Sonne) und **negativ geladene ELEKTRONEN,** die darum herumsausen wie kleine Planeten.

Im Inneren des Kerns befinden sich **positiv geladene PROTONEN** zusammen mit NEUTRONEN, die **keine Ladung** haben. Die Elektronen bleiben beim Atomkern, weil sie durch die elektromagnetische Kraft von den Protonen angezogen werden.

Elektron

Proton

Neutron

Proton

Neutron

Warum aber stoßen sich die Protonen im Kern nicht gegenseitig ab? Sie sind alle positiv geladen und gleiche Ladungen stoßen sich genauso ab, wie gegenteilige sich anziehen. Die Antwort ist, dass hier eine noch stärkere Kraft am Werk ist: die **STARKE KERNKRAFT**, welche die Protonen eng zusammenhält.

Es gibt noch eine weitere Grundkraft: die **SCHWACHE KERNKRAFT**. Diese Kraft ist entscheidend für den **RADIOAKTIVEN ZERFALL**, bei dem Atome auseinanderbrechen und **Energie** freisetzen.

Energie

Energie wird gebraucht, um Aufgaben aus-zuführen. Wenn du etwas isst, wandelt dein Körper einen Teil davon in Energie als Kraftstoff für dein Gehirn, Herz und andere Organe um. Beim Abbrennen einer Kerze wird die chemische Energie des Wachses in Wärme- und Lichtenergie umgewandelt.

Energie spielt auch bei der berühmtesten Gleichung der Physik eine Rolle:

$$E = mc^2$$

E bedeutet hier Energie, m Masse und c Licht-geschwindigkeit. Diese Entdeckung Albert Einsteins besagt, dass Masse und Energie sich entsprechen und ineinander umge-wandelt werden können.

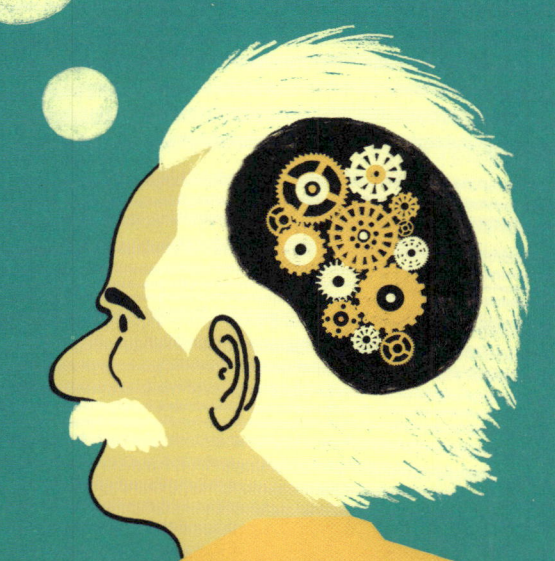

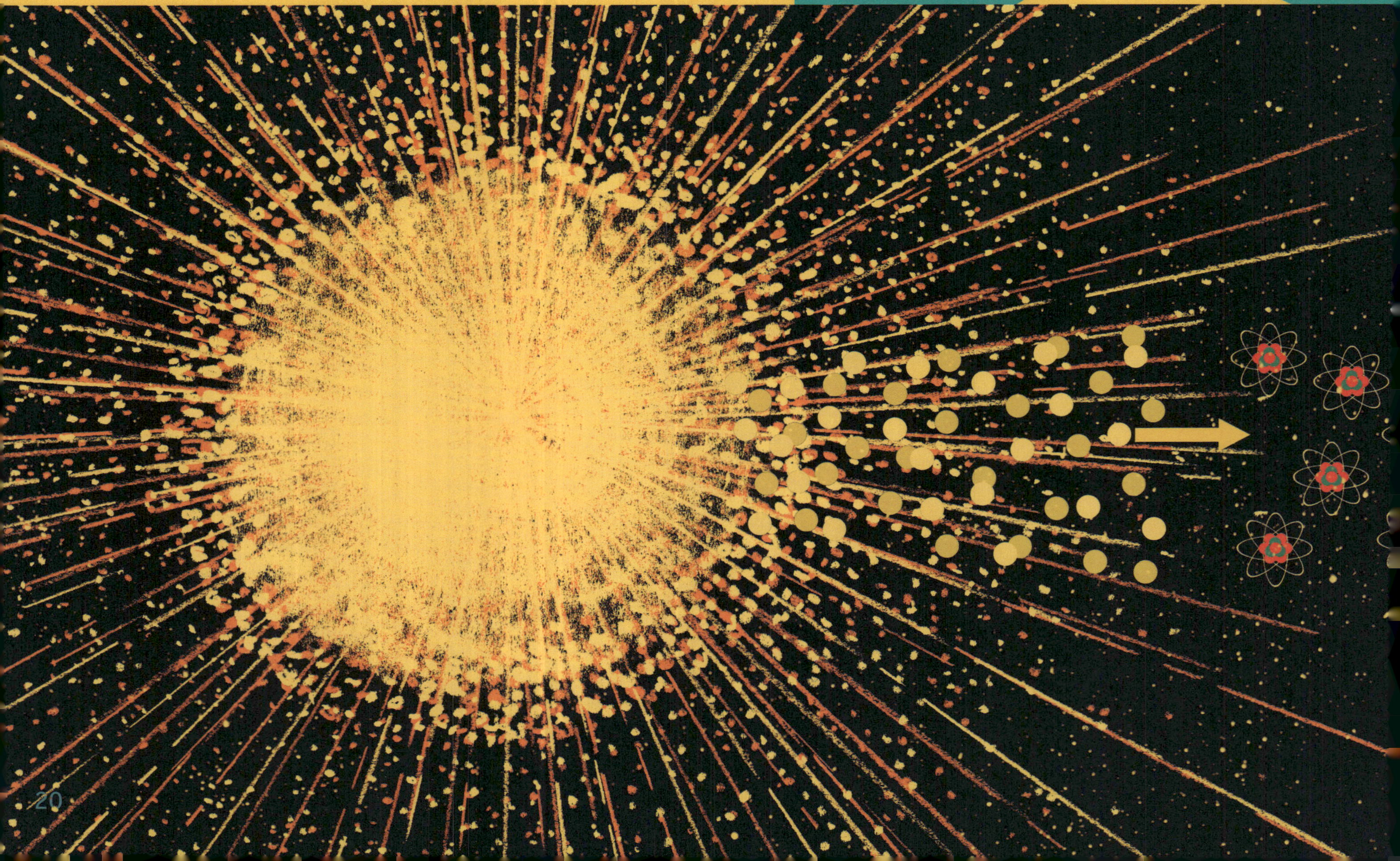

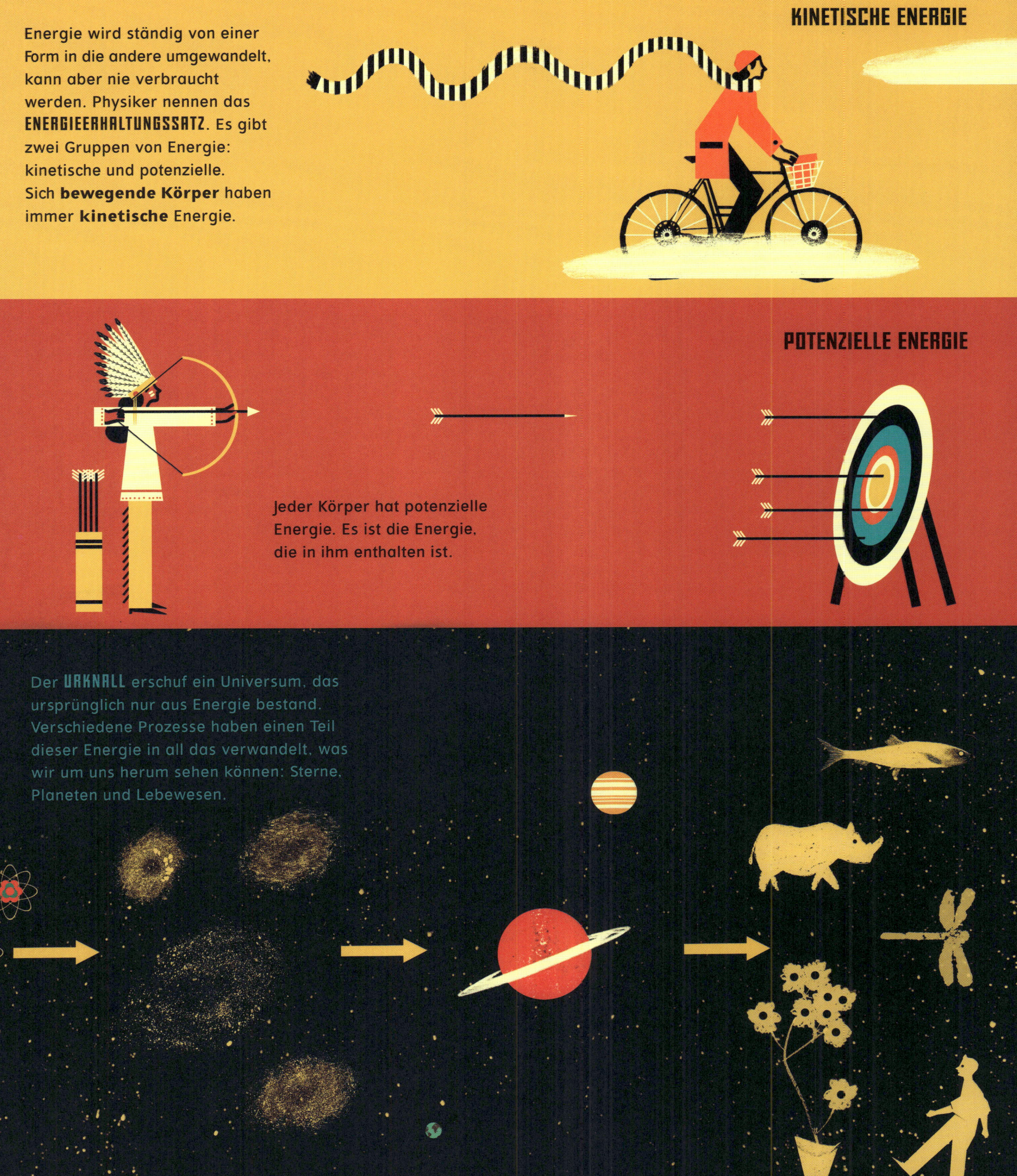

KINETISCHE ENERGIE

Energie wird ständig von einer Form in die andere umgewandelt, kann aber nie verbraucht werden. Physiker nennen das **ENERGIEERHALTUNGSSATZ**. Es gibt zwei Gruppen von Energie: kinetische und potenzielle. Sich **bewegende Körper** haben immer **kinetische** Energie.

POTENZIELLE ENERGIE

Jeder Körper hat potenzielle Energie. Es ist die Energie, die in ihm enthalten ist.

Der **URKNALL** erschuf ein Universum, das ursprünglich nur aus Energie bestand. Verschiedene Prozesse haben einen Teil dieser Energie in all das verwandelt, was wir um uns herum sehen können: Sterne, Planeten und Lebewesen.

21

Was ist Schall?

Unsere Welt ist ein Ort voller Geräusche: Vögel zwitschern, Verkehr dröhnt, Menschen unterhalten sich und Musik erklingt. All diese Geräusche werden durch Schwingungen um uns herum erzeugt.

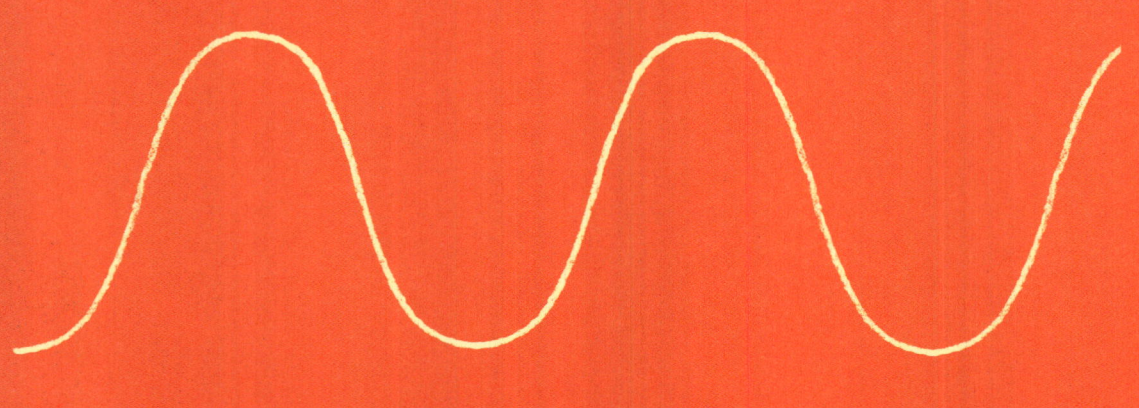

Eine Lautsprecherbox spielt Musik, indem sie auf und ab schwingt und so **LUFTMOLEKÜLE** in der Nähe ebenfalls zum Schwingen bringt, die wiederum ihre Nachbarmoleküle in Bewegung versetzen, bis auch die Moleküle nahe deines Ohres tanzen. Schall bewegt sich wie eine Welle durch die Luft fort. Schallwellen sind circa eine Million mal langsamer als Licht unterwegs. Deshalb siehst du den Blitz immer, bevor du den Donner hörst.

Wie hören wir?

Egal ob Beatboxer oder Beethoven – dank unserer Ohren können wir eine große Bandbreite an Geräuschen hören. Deren Unterschiede nehmen wir aufgrund der Bewegung winzig kleiner Haare tief in unserem Ohr wahr.

So funktioniert das Ohr:

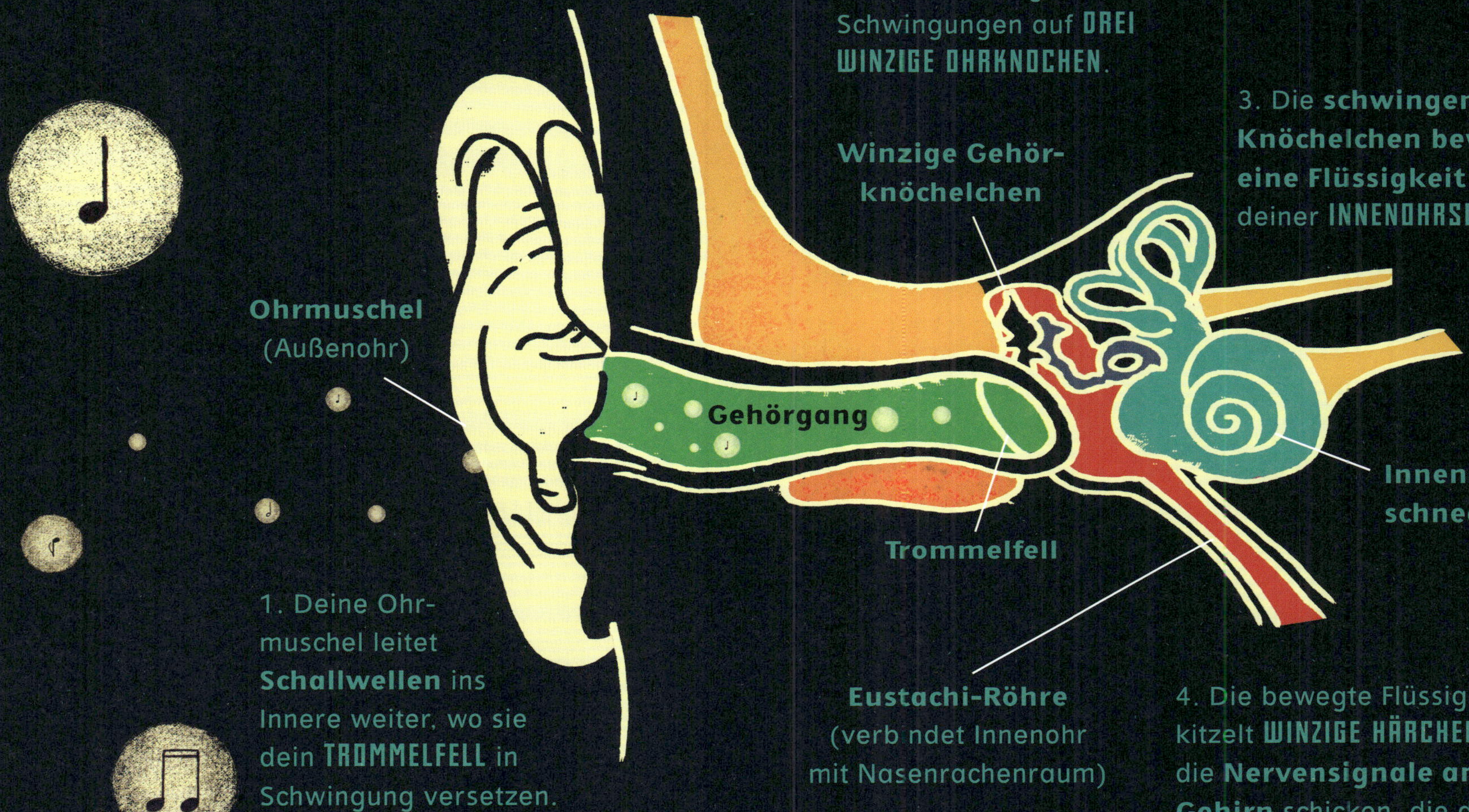

2. Das überträgt die Schwingungen auf DREI WINZIGE OHRKNOCHEN.

3. Die schwingenden Knöchelchen bewegen eine Flüssigkeit in deiner INNENOHRSCHNECKE.

Winzige Gehör-knöchelchen

Ohrmuschel
(Außenohr)

Gehörgang

Innenohr-schnecke

Trommelfell

1. Deine Ohr-muschel leitet Schallwellen ins Innere weiter, wo sie dein TROMMELFELL in Schwingung versetzen.

Eustachi-Röhre
(verb ndet Innenohr mit Nasenrachenraum)

4. Die bewegte Flüssigkeit kitzelt WINZIGE HÄRCHEN, die Nervensignale ans Gehirn schicken, die dort als Geräusche erkannt werden.

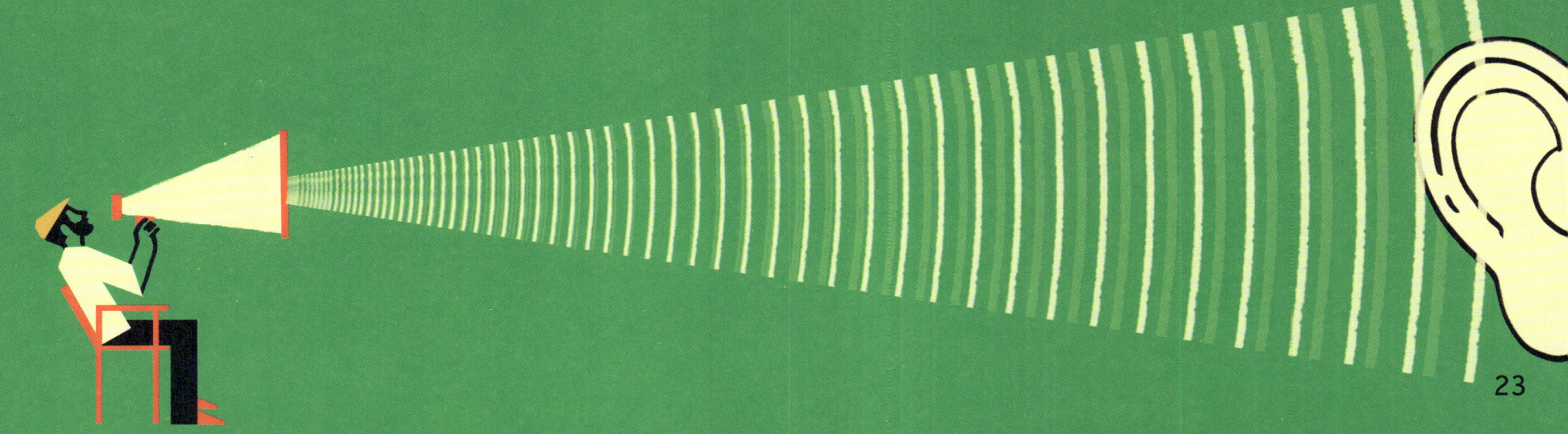

Infraschall und Ultraschall

Es gibt eine große Bandbreite von sehr hohen und besonders tiefen Geräuschen, die wir Menschen nicht wahrnehmen können. Im Durchschnitt können Menschen Geräusche hören, die zwischen 20 und 20 000 mal pro Sekunde schwingen. Die sogenannte **Schwingungsfrequenz von Schallwellen** messen wir in HERTZ [Hz].

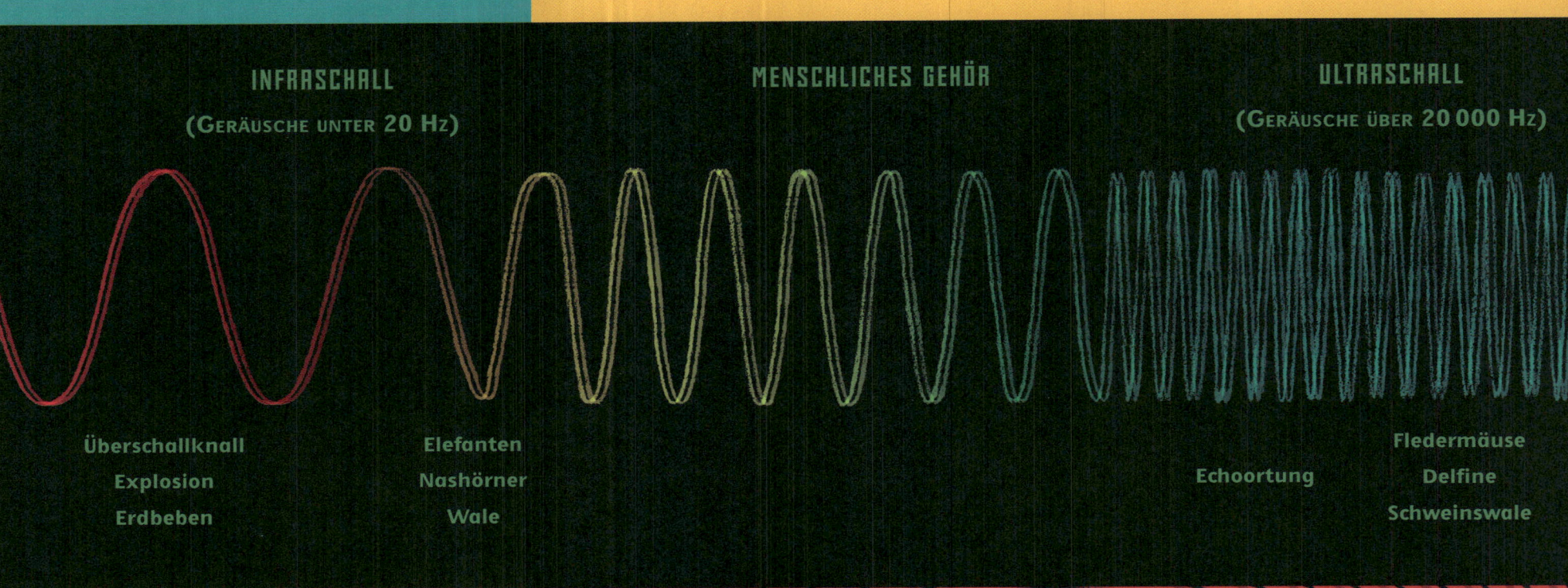

INFRASCHALL
(GERÄUSCHE UNTER 20 Hz)

MENSCHLICHES GEHÖR

ULTRASCHALL
(GERÄUSCHE ÜBER 20 000 Hz)

Überschallknall
Explosion
Erdbeben

Elefanten
Nashörner
Wale

Echoortung

Fledermäuse
Delfine
Schweinswale

Fledermäuse können sich mit ihren **ULTRASCHALLOHREN** ausgezeichnet orientieren. Anders als wir Menschen, „sehen" sie mit ihren Ohren. Sie jagen in völliger Dunkelheit und orten Insekten durch Ultraschall-Rufe. Die Tonhöhe ihrer Rufe entspricht **110 000 Hz**, und durch Schwenken ihrer Ohren können sie die Position ihrer Beute genau bestimmen.

Bestimmte Insekten können diese Rufe wahrnehmen und haben Abwehrmaßnahmen entwickelt. Einige Mottenarten schließen ihre Flügel und lassen sich zu Boden fallen, während andere Störsignale aussenden.

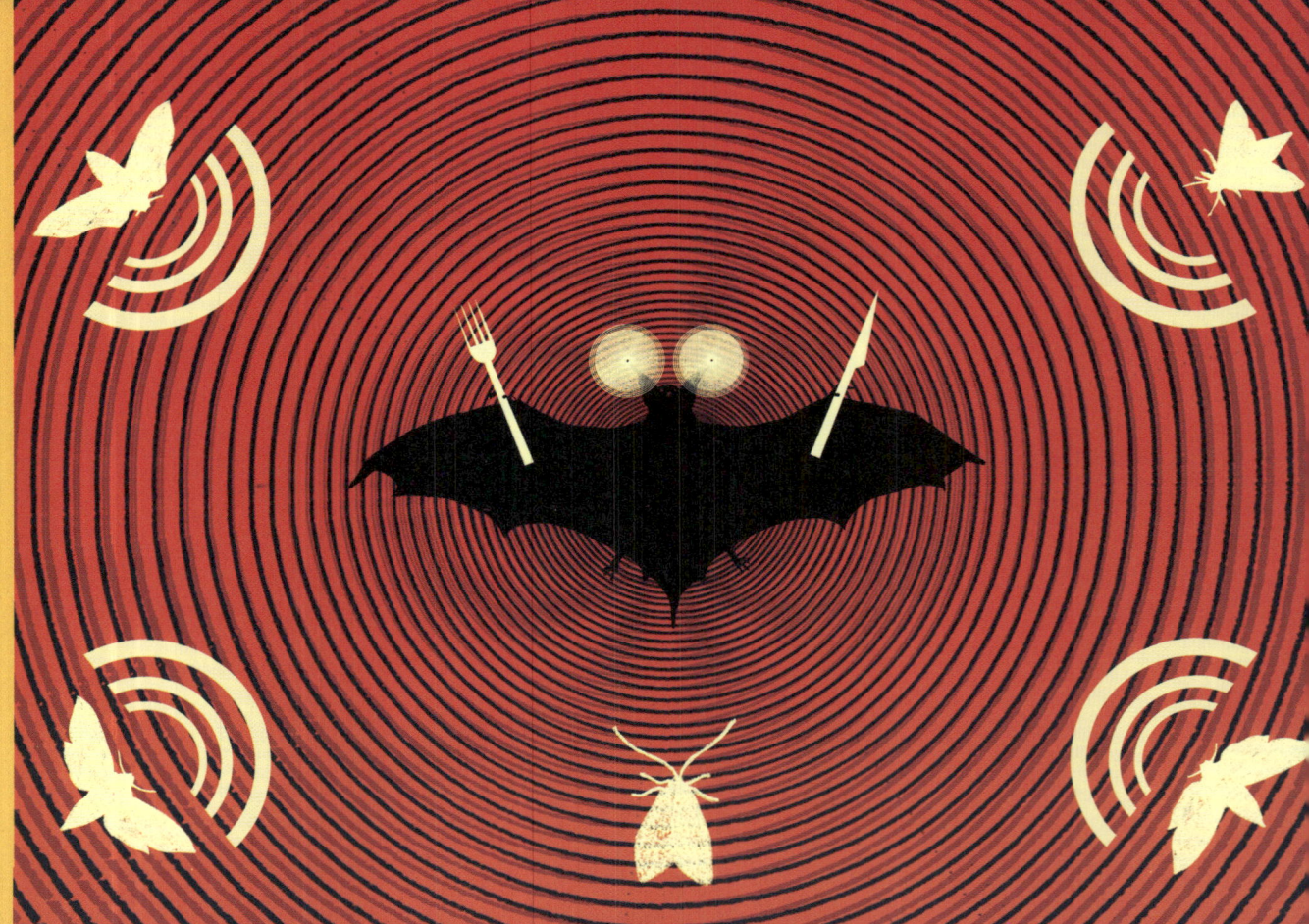

Weil Licht unter Wasser sehr schnell abgeschwächt wird, ist das Sehen über große Entfernungen schwierig. Also unterhalten sich Wale, indem sie im INFRASCHALLBEREICH grunzen, stöhnen, schnauben, bellen – und sogar singen! Die Gesänge männlicher Buckelwale sind bis ans andere Ende des Ozeans zu hören. So hoffen sie eine Partnerin zu finden.

Zahnwale wie Delfine oder Schweinswale benutzen ECHOORTUNG zur Jagd. Sie bündeln **hochfrequente Klicklaute**, die in ihrem Schädel entstehen, zu einem Geräuschstrahl. Trifft dieser auf Fisch, prallt ein Teil des „Strahls" zurück und ermöglicht die genaue Ortung der Beute. Menschen haben sich diesen Trick abgeguckt, um mit Sonartechnik Fischschwärme zu finden und den Meeresboden zu vermessen.

Wohlklang

Einige Geräusche hörst du gerne, andere veranlassen dich eher, dir die Ohren zuzuhalten. Warum klingt ein Klavier angenehmer als Verkehrslärm? Das hat mit Harmonien zu tun.

Verkehrslärm besteht, wie auch ein Klaviersolo, aus einer Geräuschmischung verschiedener Frequenzen. Einige Töne in der Musik klingen gut zusammen, andere schrecklich. Schon die alten Griechen erkannten, dass ein Ton mit der doppelten Frequenz eines anderen mit diesem harmonisch klingt. Das Zusammenspiel **mehrerer harmonischer Töne** nennt man AKKORD.

Mit Musikinstrumenten kann man durch die Erzeugung von Wellen **NOTEN** spielen – **Töne mit einer gleichbleibenden Frequenz**. Zupfst du eine Gitarrensaite, erzeugt die Schwingung eine Schallwelle. Indem du die Saite gegen das Griffbrett drückst, veränderst du ihre Länge und die Frequenz, mit der sie schwingt. Bei Blasinstrumenten schwingt die Luft im Inneren.

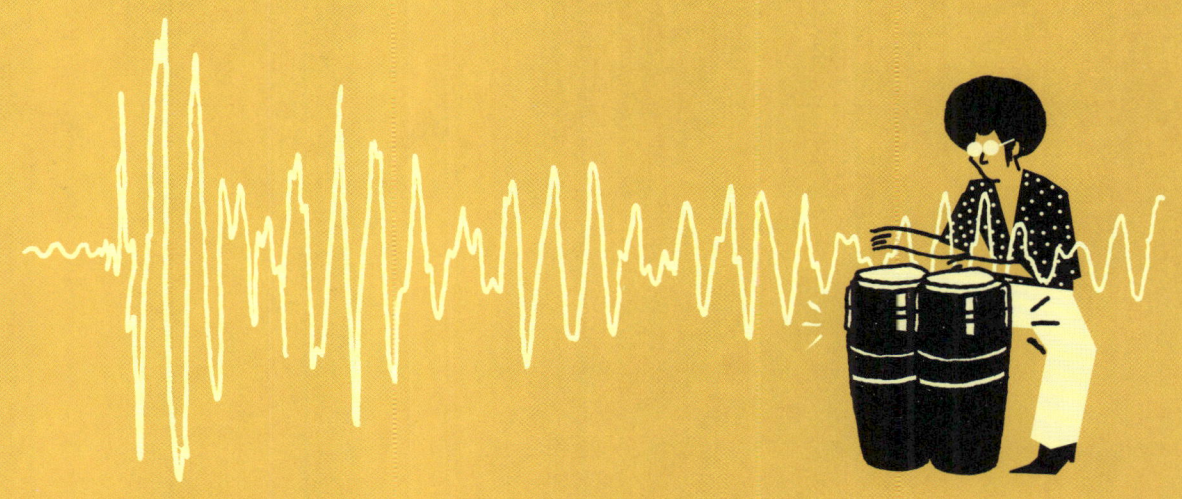

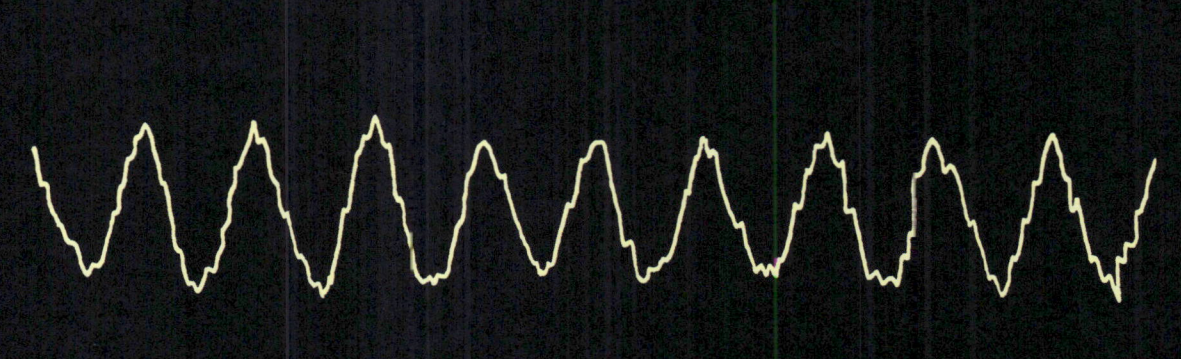

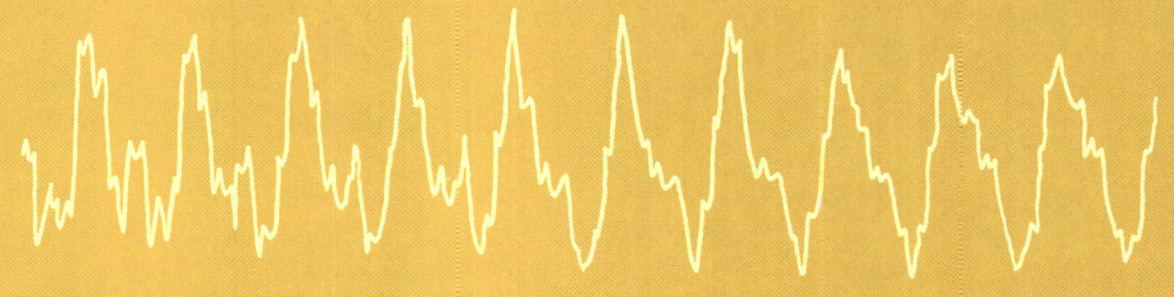

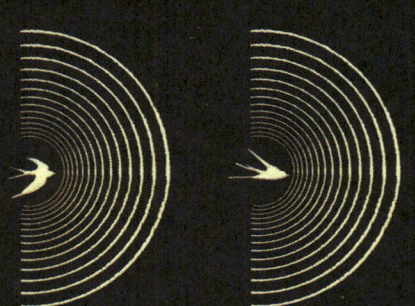

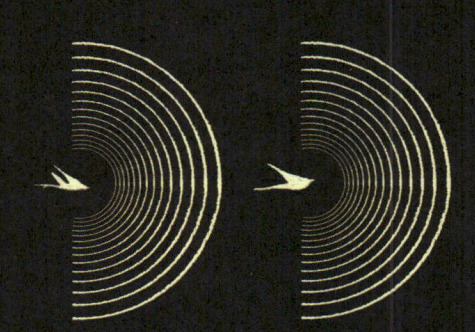

WARUM ZWITSCHERN VÖGEL?

Vogelgesänge klingen nicht nur schön, sie sind auch für das Überleben der Tiere extrem wichtig: sie helfen beim Finden eines Partners oder warnen vor Gefahr. Forscher haben herausgefunden, dass das Gehör für Vögel von so großer Bedeutung ist, dass sie ihre zerstörten Zellen im Ohr wiederherstellen und heilen können – vielleicht ein Forschungsvorbild für die Heilung menschlichen Hörverlusts.

Sprache

Die Vielfältigkeit menschlicher Sprache ist erstaunlich. Wir können nicht nur mehr als 500 Laute erzeugen, sondern auch in verschiedenen Lautstärken sprechen – von Flüstern bis Schreien.

Auf der Welt werden fast 7 000 Sprachen gesprochen. Obwohl es grundsätzlich unser Kehlkopf ist, der uns das Sprechen ermöglicht, sind auch Zähne, Zunge und Lippen an der Lauterzeugung beteiligt. Wir kombinieren sie in unterschiedlichen Ausformungen, um das ganze Lautspektrum zu bilden. Stell dich einmal vor den Spiegel und sprich langsam und deutlich das Wort „Tipp". Dabei kannst du gut sehen, wie deine Zähne und Mundbewegungen dazu beitragen, die Laute zu formen.

Nicht alle Sprachen funktionieren nur mit Worten. Auf der Kanareninsel La Gomera verständigt sich ein Teil der Einwohner mit der Pfeifsprache „El Silbo", während die sogenannten Khoisansprachen in Afrika neben Wörtern Klicklaute enthalten.

Sprechen können wir dank unseres **KEHL-KOPFES**, der ganz oben an der Luftröhre sitzt. Wenn du beim Sprechen deine Kehle berührst, fühlst du ihn vibrieren. Er enthält **elastisches Gewebe** – Stimmlippen, **STIMMBÄNDER** –, die schwingen, wenn Luft durch sie fließt. Männer haben oft einen hervorstehenden Kehlkopf – den Adamsapfel.

WARUM KÖNNEN TIERE NICHT SPRECHEN?

Auch wenn Tiere in der Lage sind, eine unglaubliche Vielzahl von Lauten zu erzeugen – wie Menschen sprechen, können sie nicht. Neben anderen Gründen, so vermutet man heute, liegt das daran, dass sie die Luftzufuhr und -abfuhr ihrer Lungen nicht genauso kontrollieren können wie Menschen. Tiere müssen zwischen den Lauten, die sie produzieren, häufiger Atem holen als wir. Dafür kommunizieren Tiere zusätzlich zu ihren Lautäußerungen durch eine enorme Bandbreite von Körpersignalen und Mimik.

Wie laut ist laut?

Einige Geräusche sind lauter als andere: eine Bohrmaschine z. B. im Vergleich zu einer schnurrenden Katze. Wissenschaftler messen die Stärke eines Geräusches in **Dezibel (dB)**. Diese Maßeinheit ist nach **ALEXANDER G. BELL**, dem Erfinder des Telefons, benannt. „Dezi" kommt vom lateinischen Wort *deci* (ein Zehntel).

Das leiseste Geräusch, das du hören kannst, hat 0 dB. Jeder Sprung von 10 dB in der Messskala bedeutet, dass das Geräusch zehnmal so laut ist, wie das letzte. Ein Geräusch mit 20 dB ist also 100 mal stärker als eins mit 0 dB (10 x 10), eines mit 40 dB 10 000 mal (10 x 10 x 10 x 10). Mathematiker nennen dies eine **logarithmische Größe**.

**Raketen-
start**
180 dB

**Start eines
Düsenjets**
140 dB

**Rock Band
Live**
120 dB

Motorrad
100 dB

Wecker
80 dB

Unterhaltung
60 dB

**Vogel-
zwitschern**
40 dB

**Raschelndes
Laub**
20 dB

**Fallende
Nadel**
10 dB

Das menschliche Ohr ist in der Lage Geräusche einer großen Bandbreite zu hören: von einer fallenden Nadel (10 dB) bis zum Rockkonzert (120 dB). Ab 130 dB beginnen Geräusche dein Gehör zu schädigen. Ab 160 dB kann dein Trommelfell platzen, was zu Gehörverlust führen kann, aber nicht muss. Manchmal heilt das Trommelfell im Verlauf einiger Wochen auch wieder.

Absolute Stille

Stell dir vor um dich herum ist es so still, dass du deine Knochen in deinen Gelenken arbeiten, dein Blut zirkulieren, sogar die Bewegungen deiner Augäpfel in den Augenhöhlen hören kannst und dein Schlucken ohrenbetäubend laut ist. Das genau passiert im Inneren eines schalldichten Raumes (einer Absorberkammer) – dem stillsten Ort der Erde. Dort werden alle Reflexionen von Schall absorbiert, sodass kein Echo entsteht.

Die Lautstärke im Inneren der Absorberkammer des Microsoft-Hauptfirmensitzes in Redmont, USA, beträgt unvorstellbare -20,6 dB. Das ist 100 000 mal leiser als ein Flüstern und weit unter dem, was deine Ohren wahrnehmen können. Du hörst dort nur die Geräusche deines Körpers, die normalerweise von deiner Umgebung übertönt werden.

Um eine solche Stille zu erreichen, ist der schalldichte Raum von sechs Lagen Beton ummantelt, und Geräusch unterdrückendes Schaummaterial bedeckt jede Fläche. Die meisten Menschen empfinden es als sehr unangenehm, sich in dem Raum aufzuhalten. Die Kammer wurde aber auch nicht für Menschen gebaut, sondern dafür, winzige Vibrationen in elektronischen Computerbauteilen aufzuspüren, die Hinweise auf mögliche Fehler geben könnten.

Auf der ganzen Erde findet sich kein Fleck in der Natur, dessen Stille an die eines schalldichten Raums heranreicht. Dennoch gibt es einige wenige Orte ohne von Menschen erzeugte Geräusche.

Mitten im Hoh-Regenwald, USA, hat ein Forscher, der vom Menschen verursachten Lärm misst, einen kleinen roten Stein als Zeichen der Stille hinterlassen.

Angeblich hört man in der Stille der israelischen Wüste Negev seine Ohren klingeln und den Sand in der sengenden Hitze singen.

Durchbrechen der Schallmauer

Ähnlich wie ein Boot im Wasser, erzeugt ein Objekt, das sich durch die Luft bewegt, Wellen um sich herum. Diese Wellen bewegen sich mit SCHALLGESCHWINDIGKEIT fort, also circa **343 Meter pro Sekunde**.

Wenn ein Objekt Schallgeschwindigkeit erreicht, verdichten sich die Wellen vor ihm zunehmend, bis sie zu einer großen **Schockwelle** – dem ÜBERSCHALLKNALL – verschmelzen. Aus diesem Grund kannst du ein Objekt, das sich dir mit Überschallgeschwindigkeit nähert, nicht hören.

Nicht lange nach der Erfindung des Flugzeugs war schon der Wunsch geboren, noch schneller zu fliegen. Und so durchbrach der US-amerikanische Pilot Chuck Yeager 1947, in einem Bell X-1 genannten Flugzeug, als erster Mensch die Schallmauer. Er flog 1 127 km/h schnell. **Schallgeschwindigkeit** entspricht der Maßeinheit **Mach 1**, benannt nach dem Physiker ERNST MACH.

Seither gab es viele Flugzeuge, die dank Verbesserungen des Designs noch viel schneller fliegen können. Zwischen 1976 und 2003 betrieben Air France und British Airways Flüge mit dem Überschallflugzeug Concorde, das mit mehr als doppelter Schallgeschwindigkeit (Mach 2) in unter drei Stunden zwischen London und New York verkehrte. Den laufenden Rekord hält ein US-Aufklärungsflugzeug, das 3,5-fache Schallgeschwindigkeit erreicht.

Gewehrkugel

Weltraumrakete

**Sternschnuppe
(Meteor)**

Schneller als der Schall können auch noch
sein:

- **Gewehrkugel** (Mach 2,2)
- **Weltraumrakete** (Mach 5+)
- **Peitschenspitze** (Mach 2)
- **Sternschnuppe** (Mach 8+)

  Sternschnuppen rasen so schnell, dass
  einige beim Eintritt in die Erdatmosphäre
  einen Überschallknall erzeugen.

- *Diplodocus*

  Er konnte vermutlich mit seinem Peitschen-
  schwanz einen kanonenartigen Knall erzeugen, mit dem er Fressfeinde abschreckte.

Peitsche

Diplodocus-Schwanz

Seismische Erschütterungen

Plötzlich beginnt die Erde ohne Vorwarnung zu beben. Bücher fallen aus den Regalen, während du in einem Türrahmen Schutz suchst. Du bist in ein Erdbeben geraten.

Wissenschaftler, die sich mit Erdbeben beschäftigen, nennt man **SEISMOLOGEN**. Sie werten seismische Wellen aus, um zu verstehen, was in der Erde vorgeht, und messen die Stärke von Erdbeben mithilfe der Richterskala. Sie wurde 1935 von **CHARLES RICHTER** entwickelt und benennt die Menge der **Energie, die bei einem Erdbeben freigesetzt wird** (ein Anstieg von 1 bedeutet jeweils 10-fache Stärke).

Die Richterskala

9 EXTREM GROSS
Selten. Nahezu komplette Zerstörung von Gebäuden, Straßen und Brücken.

8 SEHR GROSS
Gravierende Zerstörung und viele Tote. Gebäude und Brücken können einstürzen.

7 GROSS
Kann auf der ganzen Welt gemessen werden.

6 STARK
Große Schäden rund ums Epizentrum. Risse und Spalten im Boden sind möglich und Leitungen unter der Erde können bersten.

5 MITTEL
Verursacht Schäden an schwächeren Gebäuden nahe des Epizentrums. Möbel können sich bewegen und Putz von den Wänden fallen.

4 LEICHT
Einige Gebäudeschäden (wie zerbrochene Scheiben) in der Nähe des Epizentrums.

3 SEHR LEICHT
Menschen nahe des Epizentrums können das Beben als Vibration spüren.

2 EXTREM LEICHT
Schwächstes für Menschen wahrnehmbares Beben. Hängende Objekte können schwingen.

1 MIKRO
Von Menschen nicht wahrnehmbare Erschütterungen (fast täglich).

Erdbeben geschehen, weil die Erdkruste keine feste Oberfläche in einem Stück ist. Vielmehr besteht sie aus einer Reihe von **Puzzleteilen**, den TEKTONISCHEN PLATTEN. Sie treiben auf einem heißen Ozean geschmolzenen Gesteins, der Magma heißt. Reiben sich zwei Platten aneinander, bebt die Erde.

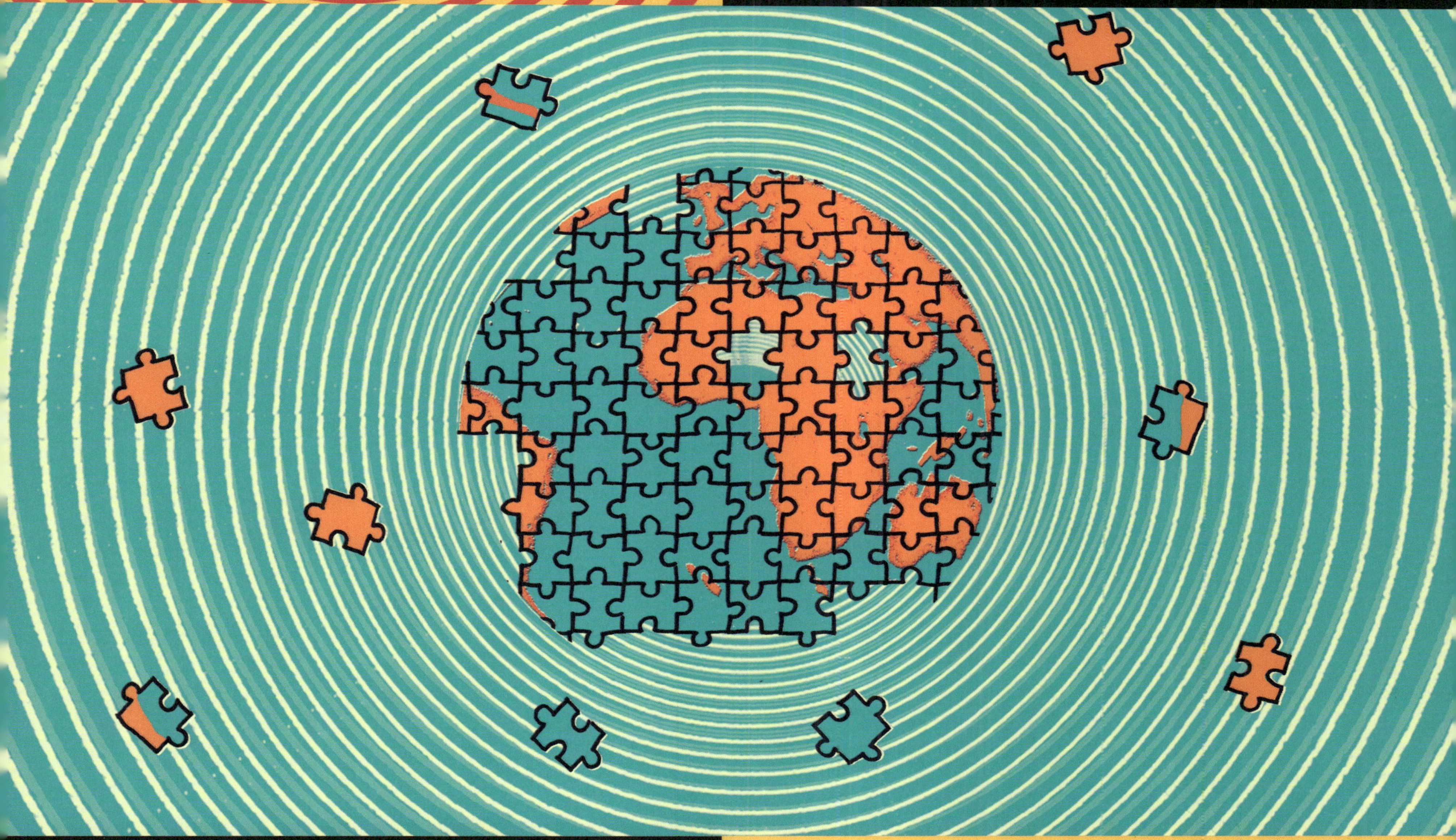

Die Energie von einem Erdbeben bewegt sich durch die Erde in Form von Wellen fort. Forscher unterscheiden zwei Typen: P-WELLEN und S-WELLEN (primär und sekundär). **Sie durchlaufen die Erde in unterschiedlicher Geschwindigkeit und Art.**

P-Wellen sind ähnlich wie Schallwellen und können sich sowohl durch feste wie auch durch flüssige Erdbestandteile fortbewegen. S-Wellen können den Erdkern jedoch nicht durchdringen, weil er flüssig ist und sie sich nur durch Festes weiterbewegen können.

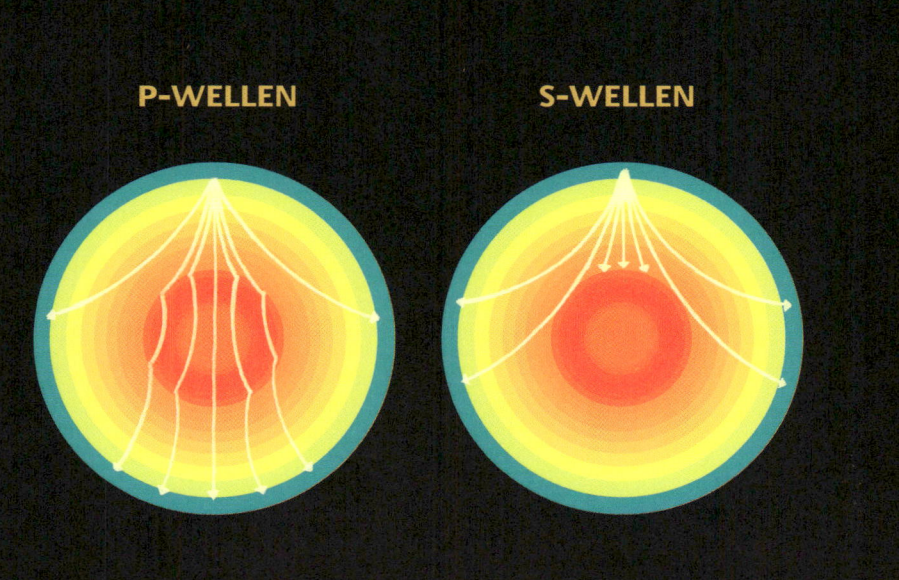

P-WELLEN   S-WELLEN

So klingt die Welt

Hier findest du einige der lautesten und verblüffendsten Geräusche der Erde.

Nord-amerika

BRÜLLAFFE – 90 dB

Dieser laute Neuweltaffe erzeugt seinen unverkennbaren Schrei durch das Zungenbein.

BLOOP – PAZIFIK

In den 1990er Jahren wurden im Pazifischen Ozean merkwürdige Geräusche registriert, die als die lautesten Unterwassergeräusche gelten, die jemals aufgenommen wurden. Forscher vermuten, dass die Geräusche durch das Auseinanderbrechen von riesigen Eisbergen entstanden, tatsächlich verschwanden aber die Bloop genannten Geräusche, bevor sie lokalisiert werden konnten.

Pazifischer Ozean

Süd-amerika

GROSSES HASENMAUL – 140 dB

Diese in Zentral- und Südamerika helmische Fledermaus stößt unglaublich laute Echoortungsrufe aus.

IGUAZÚ-WASSERFÄLLE, BRASILIEN UND ARGENTINIEN – 100 dB

Im größten Wasserfallsystem der Welt stürzt das Wasser des Flusses Iguazú über Klippen bis zu 82 Meter in die Tiefe.

Südpolar-meer

38

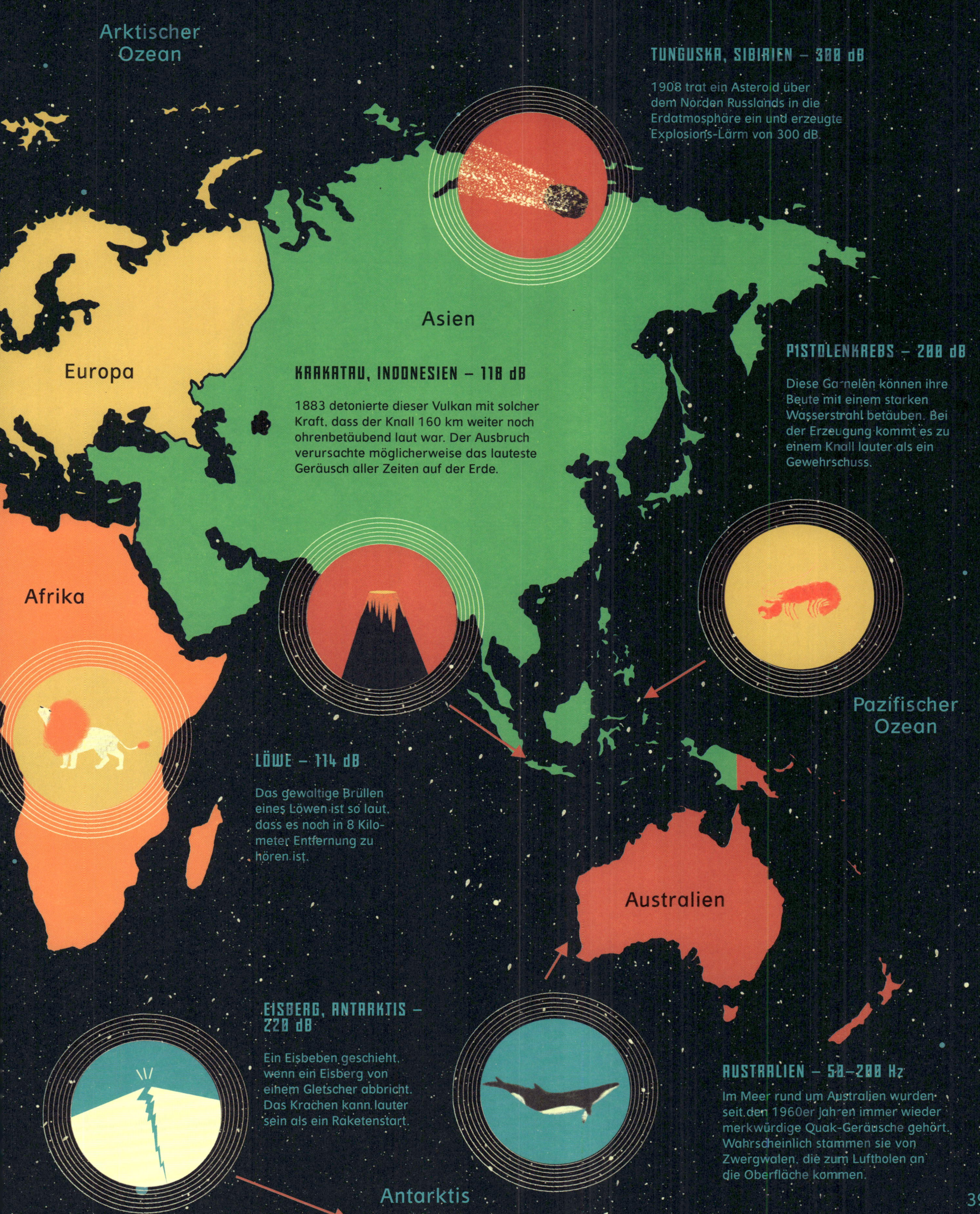

Arktischer Ozean

TUNGUSKA, SIBIRIEN – 300 dB

1908 trat ein Asteroid über dem Norden Russlands in die Erdatmosphäre ein und erzeugte Explosions-Lärm von 300 dB.

Asien

KRAKATAU, INDONESIEN – 118 dB

1883 detonierte dieser Vulkan mit solcher Kraft, dass der Knall 160 km weiter noch ohrenbetäubend laut war. Der Ausbruch verursachte möglicherweise das lauteste Geräusch aller Zeiten auf der Erde.

PISTOLENKREBS – 200 dB

Diese Garnelen können ihre Beute mit einem starken Wasserstrahl betäuben. Bei der Erzeugung kommt es zu einem Knall lauter als ein Gewehrschuss.

Europa

Afrika

LÖWE – 114 dB

Das gewaltige Brüllen eines Löwen ist so laut, dass es noch in 8 Kilometer Entfernung zu hören ist.

Pazifischer Ozean

Australien

EISBERG, ANTARKTIS – 220 dB

Ein Eisbeben geschieht, wenn ein Eisberg von einem Gletscher abbricht. Das Krachen kann lauter sein als ein Raketenstart.

AUSTRALIEN – 50–200 Hz

Im Meer rund um Australien wurden seit den 1960er Jahren immer wieder merkwürdige Quak-Geräusche gehört. Wahrscheinlich stammen sie von Zwergwalen, die zum Luftholen an die Oberfläche kommen.

Antarktis

39

Geräusche im Weltall

Schall kann sich im All nicht fortbewegen, weil es dort keine Luft gibt, die die Schallwellen transportiert. Im Weltall könnte dich also niemand schreien hören.

Dennoch können Astrophysiker schwingende Körper im Universum beobachten und ihre Vibrationen in Schall umwandeln, um zu verstehen, was geschieht. Sterne wie die Sonne pochen und pulsieren. Astronomen können mithilfe der ASTEROSEISMOLOGIE auf ihren inneren Aufbau schließen.

Wenn zwei Schwarze Löcher umeinander kreisen, erzeugen sie **Wellen in der Raumzeit**. Astronomen nennen sie GRAVITATIONSWELLEN. Die Frequenz dieser Wellen wird höher, wenn sich die Schwarzen Löcher einander nähern. Kollidieren sie, wird ein „Chirp" genanntes Geräusch erzeugt. Physiker haben es in eine Frequerz übertragen, die Menschen hören können.

Den tiefsten Ton des Universums erzeugt ein vibrierendes Schwarzes Loch im Sternbild Perseus. Er ist eine Millionen Milliarden mal tiefer als der tiefste Ton, den dein Ohr wahrnehmen kann. Eine Klaviertastatur müsste um 9 Meter nach links verlängert werden, damit du ihn, 57 Oktaven vom mittleren C entfernt, anschlagen könntest.

Was ist Licht?

Was Licht eigentlich ist, hat Wissenschaftlern jahrhundertelang Rätsel aufgegeben. Physiker wie Isaac Newton behaupteten, dass es aus kleinen Teilchen – Korpuskeln – besteht. Der niederländische Physiker Christian Huygens hingegen ging von Wellen wie beim Schall aus.

Heute wissen wir, dass Licht beides ist. Es kann als **Teilchen-Strom (Photonen)** und als **Welle** in Erscheinung treten, je nachdem, welches Experiment man durchführt. Albert Einstein bekam für seine Entdeckung, dass Licht die Form von Photonen annehmen kann, 1921 den Physik-Nobelpreis.

Wie sehen wir?

Wir können sehen, weil Licht von nahe gelegenen Gegenständen reflektiert wird und in unsere Augen fällt.

So funktioniert das Auge:

1. Zuerst fällt Licht durch deine **HORNHAUT** – die **dünne durchsichtige Schicht** ganz vorn im Auge –, bevor es die **PUPILLE** durchdringt.

2. Als nächstes bündelt eine **LINSE** das Licht auf die **NETZHAUT** genannte Projektionsfläche hinten im Auge, wo das Bild in elektrische Signale umgewandelt wird.

Hornhaut

Pupille

Linse

Netzhaut

Sehnerv

3. Dein **SEHNERV** sendet diese Signale zur Auswertung an dein **GEHIRN**.

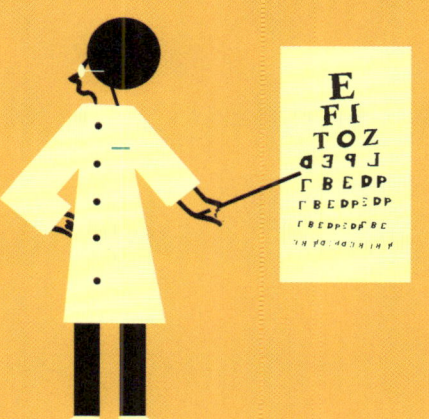

Wie schnell ist das Licht?

Licht ist unfassbar schnell. Du knipst den Lichtschalter an und – ZACK – füllt es den Raum. Soweit wir wissen, gibt es nichts Schnelleres als Licht im Universum – aber es ist nicht unendlich schnell.

Licht bewegt sich mit fast 300 000 Kilometern pro Sekunde fort – ungefähr eine Million mal schneller als Schall. In diesem Tempo könnte man die Erde in einer Sekunde 7,5 Mal umrunden. Ein Lichtjahr ist die Entfernung, die Licht in einem Jahr zurücklegt: ungefähr

9 500 000 000 000 Kilometer. Astronomische Entfernungen misst man oft in Lichtjahren. Der am nächsten zur Sonne gelegene Stern, Proxima Centauri, ist von ihr circa vier Lichtjahre entfernt, sein Licht braucht also vier Jahre zur Erde. Licht zu uns braucht 27 700 Jahre

vom Zentrum unserer Milchstraße,
2 500 000 Jahre von Andromeda
(unserer nächsten großen Nachbar-
Galaxie) und 13 800 000 000 Jahre
von den entferntesten beobacht-
baren Gebieten im Universum.

LICHTGESCHWINDIGKEIT =
299 792 458 m/s
zweihundertneunundneunzig Millionen, siebenhundert-
zweiundneunzig Tausend, vierhundertachtundfünfzig
Meter pro Sekunde

EIN LICHTJAHR =
9 460 730 472 580 800 m
neun Billiarden, vierhundertsechzig Billionen, siebenhundert-
dreißig Milliarden, vierhundertzweiundsiebzig Millionen,
fünfhundertachtzig Tausend, achthundert Meter

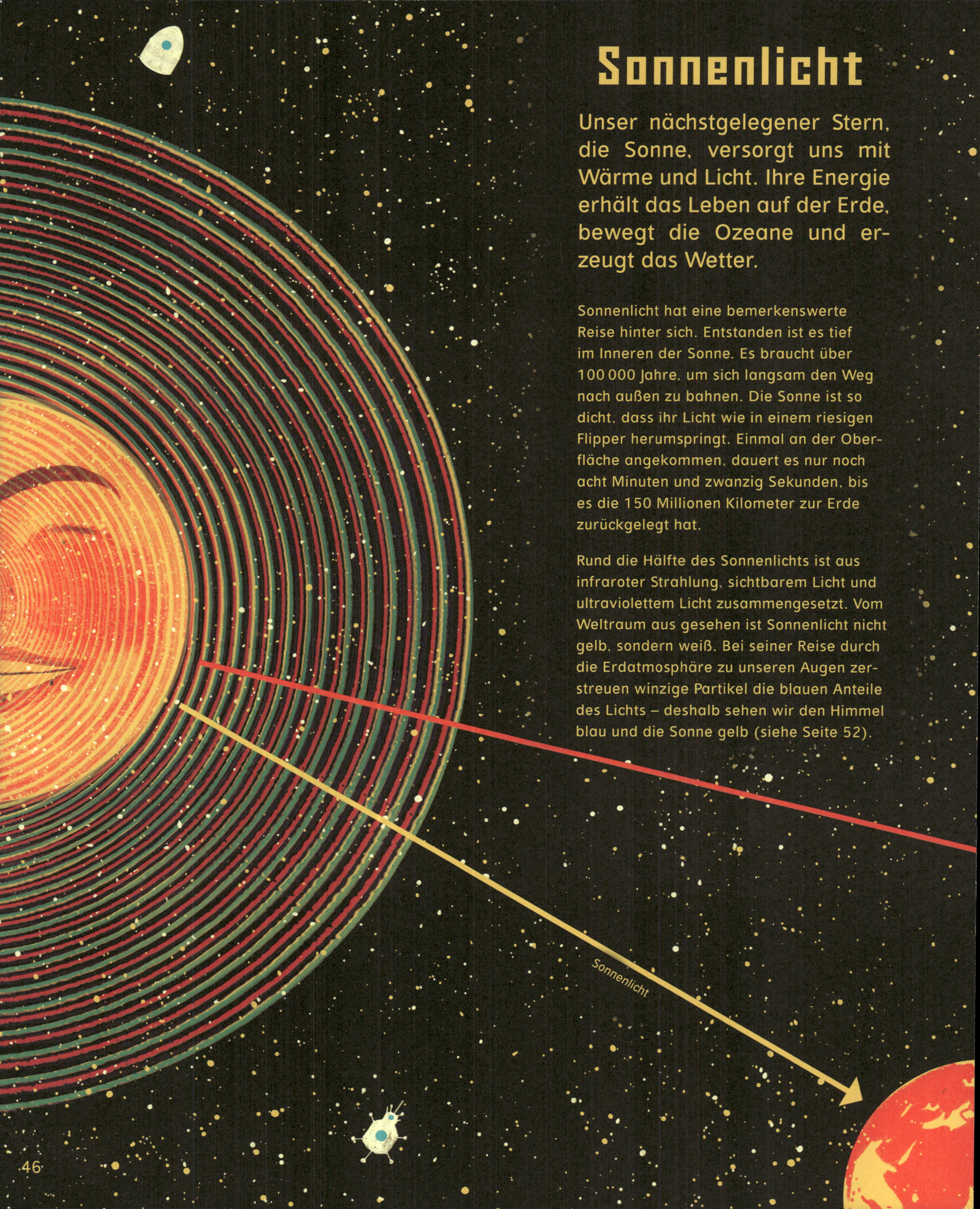

Sonnenlicht

Unser nächstgelegener Stern, die Sonne, versorgt uns mit Wärme und Licht. Ihre Energie erhält das Leben auf der Erde, bewegt die Ozeane und erzeugt das Wetter.

Sonnenlicht hat eine bemerkenswerte Reise hinter sich. Entstanden ist es tief im Inneren der Sonne. Es braucht über 100 000 Jahre, um sich langsam den Weg nach außen zu bahnen. Die Sonne ist so dicht, dass ihr Licht wie in einem riesigen Flipper herumspringt. Einmal an der Oberfläche angekommen, dauert es nur noch acht Minuten und zwanzig Sekunden, bis es die 150 Millionen Kilometer zur Erde zurückgelegt hat.

Rund die Hälfte des Sonnenlichts ist aus infraroter Strahlung, sichtbarem Licht und ultraviolettem Licht zusammengesetzt. Vom Weltraum aus gesehen ist Sonnenlicht nicht gelb, sondern weiß. Bei seiner Reise durch die Erdatmosphäre zu unseren Augen zerstreuen winzige Partikel die blauen Anteile des Lichts – deshalb sehen wir den Himmel blau und die Sonne gelb (siehe Seite 52).

Sonnenlicht

Mondschein

Es sieht aus, als ob der Mond ein silbernes Licht ausstrahlt. Dabei scheint der Mond selbst gar nicht. Sein Licht ist reflektiertes Sonnenlicht und sogar von der Erde abgestrahltes Licht, das er wie ein Spiegel zurückwirft.

Tatsächlich ist der Mond ein miserabler Spiegel. Seine Oberfläche ist alles andere als glatt und zudem dunkelgrau, sodass er – obwohl er für uns als hellstes Objekt am Nachthimmel erscheint – nur etwas mehr als ein Zehntel des Lichts zurückwirft, das ihn trifft.

Das Licht der Sonne trifft bei seiner Reise durchs All den Mond und die Erde, und ein Teil wird zurückgeworfen. Wir sehen den Mond, weil Sonnenlicht an seiner Oberfläche in Richtung Erde reflektiert wird. Ohne die Sonne wäre es uns unmöglich den Mond zu sehen.

Das Licht der Sonne – als „Mondlicht" zurückgeworfen

Apollo-Astronauten haben Reflektoren auf dem Mond installiert, die aus irdischen Lasern abgefeuertes Licht zurück zur Erde strahlen. Dadurch konnte gemessen werden, dass sich der Mond jedes Jahr circa 3,8 cm von der Erde entfernt. Das entspricht der Wachstumsgeschwindigkeit deiner Fingernägel.

Das Zentrum der Sonne

Die Sonne ist das einzige Objekt in unserem Sonnensystem, das aus sich heraus Licht produzieren kann.

Pro Stunde verschmelzen in der Sonne 2 232 Milliarden Tonnen Protonen (Wasserstoff) zu 2 218 Milliarden Tonnen Helium. Die fehlenden 14 Milliarden Tonnen werden in Sonnenlicht umgewandelt, das aus dem Kern strömt. Die „Sonnenvorräte" reichen noch für Milliarden von Jahren.

Das Sonnenlicht wird tief im Inneren der Sonne erzeugt, wo Gas so fest zusammengepresst wird, dass es 13 mal dichter als Blei ist. Die Temperatur im Sonnenkern beträgt unglaubliche 15 Millionen Grad, und in jeder Sekunde werden hier Abermilliarden von Protonen in einem FUSION genannten Prozess zu Helium verschmolzen.

Wissenschaftler versuchen die Sonne nachzubauen und haben Fusionsreaktoren konstruiert, die Tokamaks genannt werden. Im Inneren werden Temperaturen bis 100 Millionen Grad erreicht – höher als im Sonnenkern.

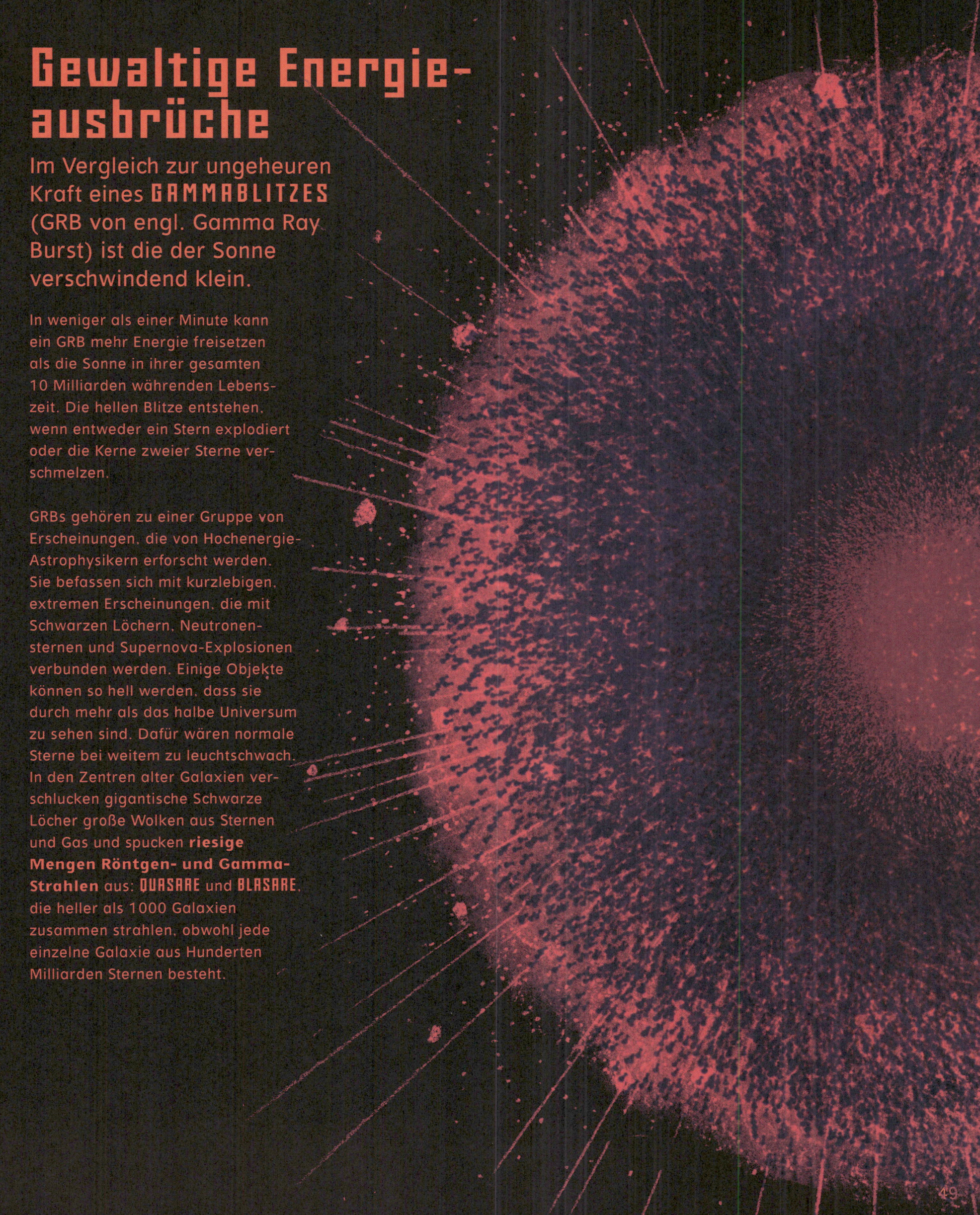

Gewaltige Energie-ausbrüche

Im Vergleich zur ungeheuren Kraft eines GAMMABLITZES (GRB von engl. Gamma Ray Burst) ist die der Sonne verschwindend klein.

In weniger als einer Minute kann ein GRB mehr Energie freisetzen als die Sonne in ihrer gesamten 10 Milliarden währenden Lebens-zeit. Die hellen Blitze entstehen, wenn entweder ein Stern explodiert oder die Kerne zweier Sterne ver-schmelzen.

GRBs gehören zu einer Gruppe von Erscheinungen, die von Hochenergie-Astrophysikern erforscht werden. Sie befassen sich mit kurzlebigen, extremen Erscheinungen, die mit Schwarzen Löchern, Neutronen-sternen und Supernova-Explosionen verbunden werden. Einige Objekte können so hell werden, dass sie durch mehr als das halbe Universum zu sehen sind. Dafür wären normale Sterne bei weitem zu leuchtschwach. In den Zentren alter Galaxien ver-schlucken gigantische Schwarze Löcher große Wolken aus Sternen und Gas und spucken **riesige Mengen Röntgen- und Gamma-Strahlen** aus: QUASARE und BLASARE, die heller als 1000 Galaxien zusammen strahlen, obwohl jede einzelne Galaxie aus Hunderten Milliarden Sternen besteht.

Nahrung aus Licht

Essen ist etwas Wunderbares – wir Menschen haben ein wirklich vielfältiges Nahrungsangebot! Auf der anderen Seite muss man ständig essen – das kann lästig sein. Was wenn wir unseren Körper dazu nutzen könnten, unsere Nahrung selbst von Grund auf herzustellen, wann immer wir wollen? Pflanzen tun genau das. Der Prozess wird **FOTOSYNTHESE** genannt.

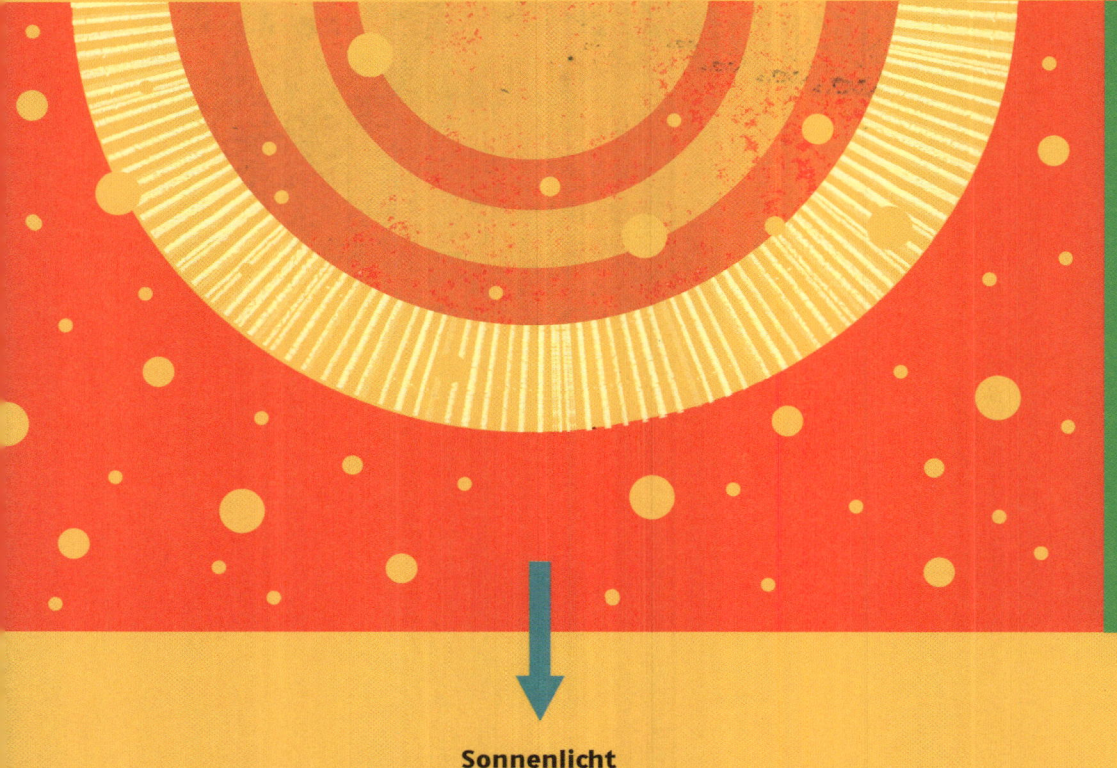

Wenn du Obst oder Gemüse isst, wird deren gespeicherte Energie (Nährstoffe) an dich weitergegeben. Energie wandert in einer **NAHRUNGSKETTE** von der Sonne zu den Pflanzen, zu den pflanzenfressenden Tieren und dann zu dir. Viele überlappende Nahrungsketten eines Ökosystems werden **NAHRUNGSNETZE** genannt. Das erste Glied jeder Nahrungskette ist die Sonne – selbst ein Hamburger ist umgeformte Sonnenenergie.

Sonnenlicht

Pflanzen

Kuh

Mensch

Im Inneren einer Pflanzenzelle

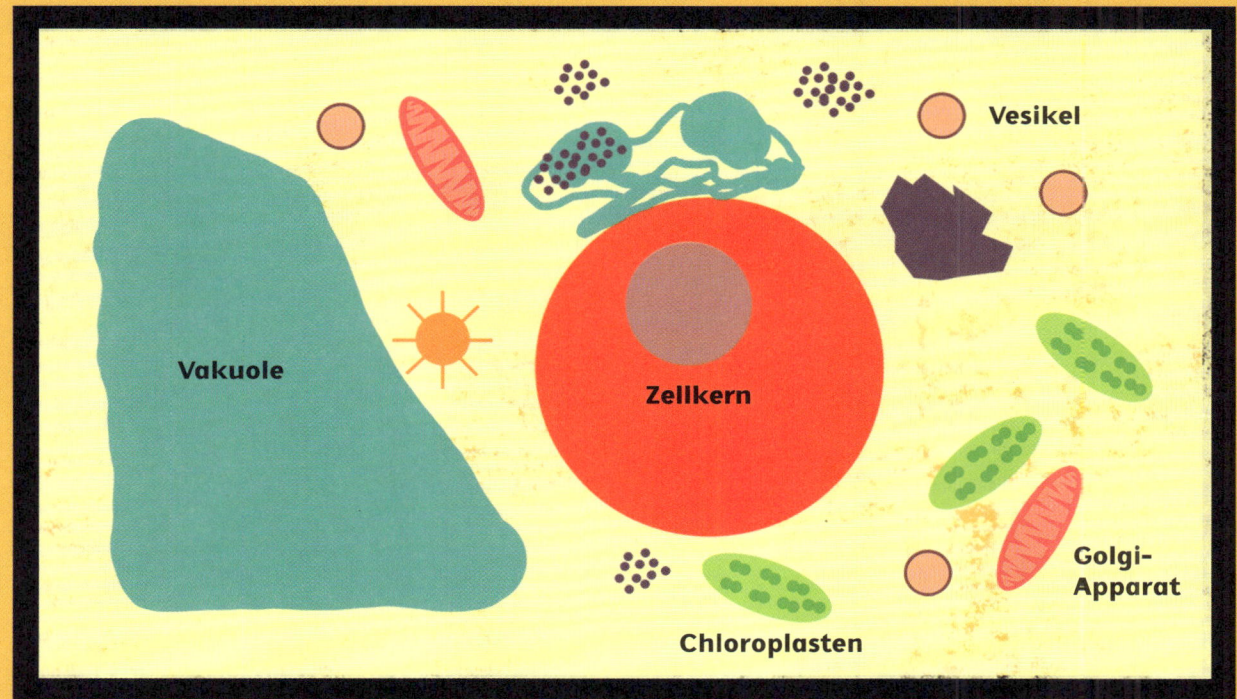

Vesikel

Vakuole

Zellkern

Golgi-Apparat

Chloroplasten

Pflanzen benutzen eine grüne **CHLOROPHYLL** genannte Chemikalie, um mit ihren Blättern **Sonnenlicht** aufzunehmen. Das verbinden sie mit Wasser und Kohlenstoffdioxid aus der Luft. Dabei entstehen ihre Nahrung sowie Sauerstoff, den sie in die Luft abgeben.

Fotosynthese

Der Prozess, bei dem Pflanzen Nahrung und Sauerstoff herstellen heißt **FOTOSYNTHESE**.

Blume

Die Blätter erzeugen Sauerstoff und geben ihn ab. Sie erzeugen auch **GLUKOSE**, einen Zucker, von dem sich die Pflanze ernährt.

Blatt

Sonnenlicht

Stängel

Die Blätter nehmen Sonnenlicht und Kohlenstoffdioxid auf.

Regenwasser

Wurzeln

Die Wurzeln ziehen Wasser und Mineralstoffe aus dem Boden.

51

Warum ist
der Himmel blau?

Du kannst dir Licht wie eine Welle im Meer vorstellen. Die Entfernung, nach der sich die Welle wiederholt, wird Wellenlänge genannt. Rotes Licht hat eine viel größere Wellenlänge als blaues.

Die verschiedenen Farben des Sonnenlichts werden, sobald es in die Erdatmosphäre eintritt, von Luftmolekülen zerstreut. Wie sehr eine Farbe gestreut wird, hängt von ihrer WELLENLÄNGE ab.

Stell dir vor, dass Licht in Schritten durch den Himmel eilt. **ROTES LICHT** kann mit seiner **großen Wellenlänge** wie ein Riese in großen Schritten über die meisten Luftmoleküle gehen.

BLAUES LICHT geht in kleineren Schritten und wird deshalb am meisten gestreut. Wenn du tagsüber an klaren Tagen in den Himmel schaust, ist der größte Anteil des gestreuten Lichtes, das dein Auge erreicht, blau.

Bei Sonnenauf- und Untergang muss das Licht der tief stehenden Sonne durch viel mehr Atmosphäre reisen, um auf dein Auge zu treffen. Nur das Licht mit den größten Schritten – d. h. mit der größten Wellenlänge – schafft es durch all die Luft zu kommen. Deshalb erscheinen Sonne und Himmel dann rot.

Regenbögen:
Gebrochenes Licht

Der Geruch des Regens liegt noch in der Luft, da bricht die Sonne durch die Wolken und ein fantastischer Regenbogen erscheint. Das geschieht, weil Sonnenlicht Wassertropfen durchdringt.

Du kannst einen Regenbogen nur mit der Sonne im Rücken sehen, weil das Licht vorne in den Regentropfen einfällt, von der Hinterseite zurückgeworfen wird und dann in deine Richtung zurückkehrt.

Diese Reise durch den Wassertropfen bricht weißes Licht in seine sieben Farben auf: Rot, Orange, Gelb, Grün, Blau, Indigo und Violett.

Oftmals gibt es einen zweiten, blasseren Regenbogen, dessen Farben in umgekehrter Reihenfolge erscheinen. Zwischen den beiden Regenbögen ist der Himmel deutlich dunkler – das nennt man ALEXANDERS DUNKLES BAND.

Wir nehmen Regenbögen deshalb als Bögen wahr, weil der Boden normalerweise den Rest des Kreises verdeckt. Bergsteiger und Piloten können manchmal einen vollständigen, kreisrunden Regenbogen sehen. Regenbögen gibt es nicht nur auf der Erde, sondern z. B. auch auf der Venus und wahrscheinlich auf dem Saturnmond Titan.

Spektakuläre Verfinsterungen

Am Himmel gibt es viel Erstaunliches zu sehen, aber kaum etwas kommt an eine SONNENFINSTERNIS heran. **Der Mond schiebt sich vor die Sonne und blockt fast ihr gesamtes Licht** ab, wodurch die Temperatur sofort fällt. Eine unwirkliche Stille macht sich breit, weil die Tiere in ihrer Verwirrung verstummen.

Für viele ist der sogenannte **DIAMANTRINGEFFEKT** das Eindrucksvollste an einer Sonnenfinsternis. Da der Mond Täler und Berge hat, sehen wir seinen Rand nicht ganz glatt. Und wenn die Sonne durch eines der Täler scheint, sieht sie aus wie ein prächtiger Diamant.

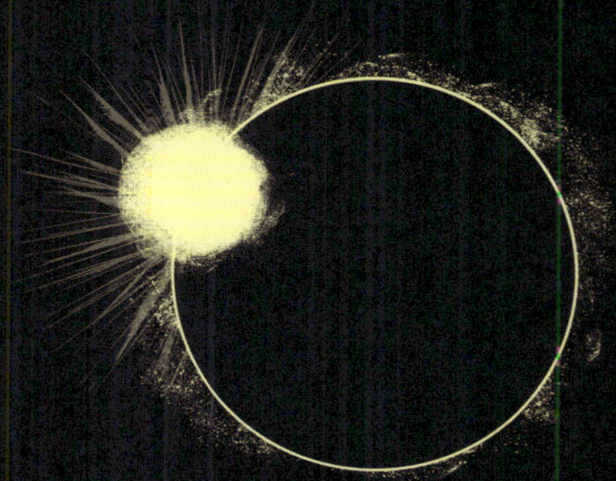

Bei einer **MONDFINSTERNIS** bewegt sich der Mond in den Schatten, den unsere Erde ins Weltall wirft. Eigentlich würde das bewirken, dass keinerlei Sonnenlicht mehr den Mond erreicht. Aber unsere Erdatmosphäre bricht das Licht auch in den Schatten hinein, allerdings vor allem die roten Anteile. Dadurch wird der Mond in ein gruseliges Rot getaucht.

Sonne

Erde

Mond

Faszinierende Lichtspiele

Die Natur kann Lichtspektakel vorführen, die Feuerwerken in nichts nachstehen. Menschen, die in der Nähe der Pole leben, können oftmals das **POLARLICHT** in seiner ganzen Schönheit bewundern: am Nordpol das **Nordlicht** und am Südpol das **Südlicht**. Diese Lichterscheinungen entstehen, wenn Atome in der Erdatmosphäre extra Energie aus dem Weltraum bekommen und Licht abgeben. Während Lichtvorhänge am Himmel tanzen, sind knallende oder klatschende Geräusche zu hören.

Zu bestimmten Jahreszeiten sind wir Zeugen, wie **STERNSCHNUPPEN-SCHWÄRME** durch den Himmel sausen. Diese Bruchstücke von Kometen sind keine Sterne, sondern winzige kosmische Staubkörnchen, die hoch in der Erdatmosphäre verglühen.

Meereslebewesen wie Quallen oder Kalmare sind ebenfalls für ihre Licht-vorführungen bekannt. Der Fach-begriff dafür lautet **BIOLUMINESZENZ**. Dem Kampfpiloten und späteren Apollo-13-Kommandanten Jim Lovell retteten leuchtende Algen das Leben, als bei einem Flug seine Nachtsichtung ausfiel und er deshalb seinen Flug-zeugträger nicht orten konnte. Dann aber sichtete er vom Schiff aufgewühlte leuchtende Algen, folgte ihrer Leucht-spur und landete sicher.

59

Teleskope

Stell dir vor, Sternenlicht wäre Regen, der auf die Erde fällt, und Teleskope wären riesige Eimer, um diesen (Licht-) Regen aufzufangen. Wenn du mehr Regen sammeln willst, brauchst du einen größeren Eimer. Unsere Augen sind klein und können alleine wenig Licht sammeln. Deshalb bauen wir immer größere Teleskope, um schwach scheinende, weit entfernte Körper im All zu sehen.

Es gibt zwei Grundtypen Teleskope: **REFLEKTOREN**, die mit Spiegeln, und **REFRAKTOREN**, die mit Linsen arbeiten. Die größten Teleskope der Welt sind Spiegelteleskope, weil es einfacher und billiger ist, große Spiegel zu bauen.

Der Standort eines Teleskops ist ebenfalls sehr wichtig. Das Wetter sollte gut sein, damit nachts nicht zu viele Wolken den Himmel bedecken. Die Atmosphäre kann Sterne verschwommen erscheinen lassen, deshalb ist ein hoch gelegener Standort gut, weil weniger Luft zwischen Teleskop und Sternen liegt. Eines der weltweit besten Teleskope, das **VERY LARGE TELESCOPE [VLT]**, steht in 2600 Metern Höhe in der knochentrockenen Atacama-Wüste in Chile.

Unsichtbare Strahlen

So wie unser Ohr Töne ab einer bestimmten Höhe oder Tiefe nicht hören kann, gibt es Licht, dessen Frequenz zu hoch oder tief für unsere Augen ist. Wissenschaftler haben aber trickreiche Erfindungen gemacht, damit wir dennoch wahrnehmen können, was unsere Augen nicht sehen.

Unterhalb des roten Endes des Farbspektrums liegen Infrarot und darunter die niedrigfrequenten Mikrowellen und Radiowellen. Sie alle haben lange Wellen. Über Violett liegen Ultraviolett und darüber Röntgen- und Gammastrahlung mit viel kürzeren Wellenlängen. Licht aller Wellenlängen wird zusammenfassend **ELEKTROMAGNETISCHES SPEKTRUM** genannt.

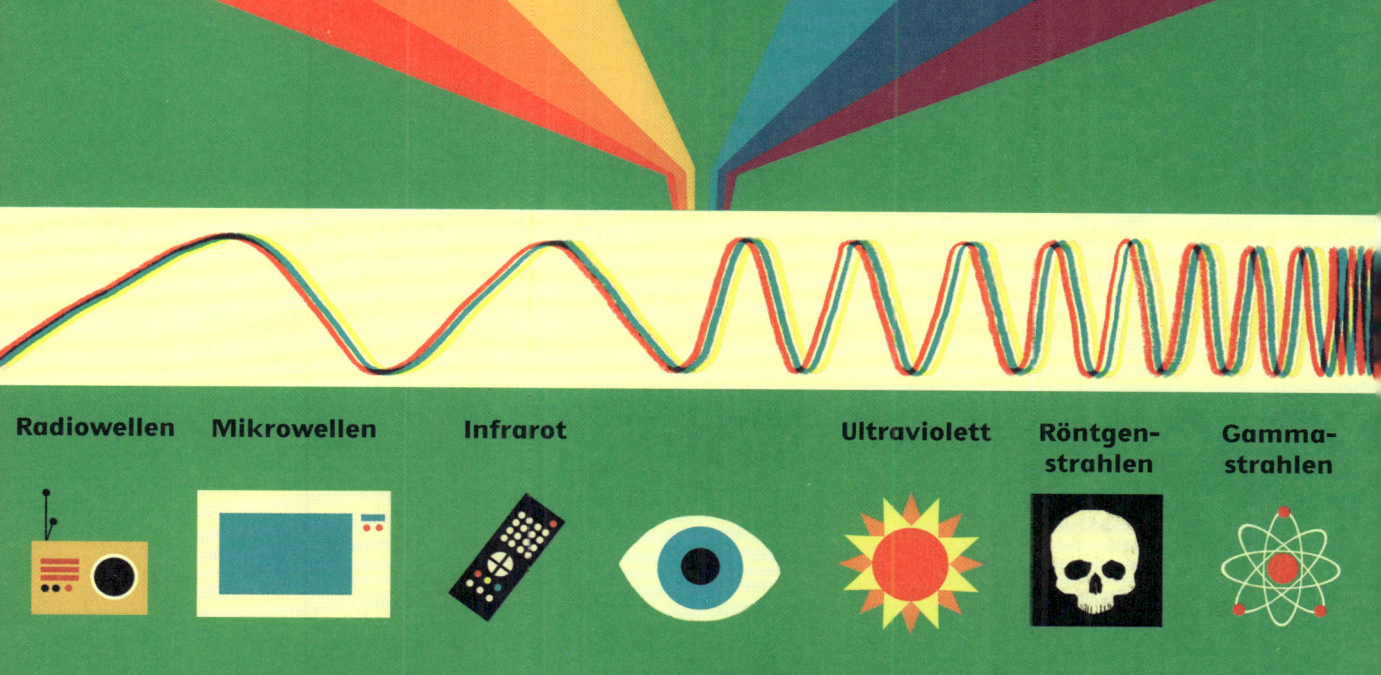

Radiowellen **Mikrowellen** **Infrarot** **Ultraviolett** **Röntgen-strahlen** **Gamma-strahlen**

Das Universum ist voller Licht, das unsere Augen nicht sehen können. Bei Schwarzen Löchern werden Röntgenstrahlen erzeugt, zusammenstoßende Neutronensterne leuchten in Gammastrahlen hell auf, pulsierende Sterne senden Radiowellen aus. Wir würden viel verpassen, wenn wir keine Teleskope gebaut hätten, die für uns unsichtbares Licht einfangen können.

Einige Strahlen des elektromagnetischen Spektrums gelangen – wie Röntgenstrahlen – nicht bis zur Erde. Wir müssen Teleskope im All installieren, um sie erfassen zu können. Nur sichtbares Licht und Radiowellen schaffen es durch die Erdatmosphäre und das Magnetfeld bis zu uns.

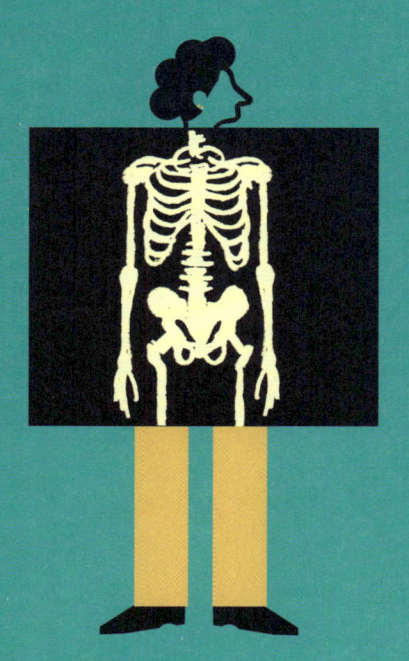

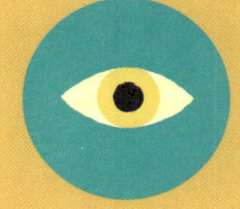

Sichtbares Licht

Radiowellen

Ganz am Anfang

Das älteste Licht im Universum heißt **KOSMISCHE HINTERGRUNDSTRAHLUNG**. Zunächst war das Universum zu vollgepackt, als dass Licht sehr weit reisen konnte. Aber dann, 380 000 Jahre nach dem Urknall, vor etwa 13,8 Milliarden Jahren, konnte sich Licht durch die Ausdehnung des Universums plötzlich frei ausbreiten. Wissenschaftler haben Mikrowellen entdeckt, die aus allen Richtungen im All kommen, aber eine einzige Quelle zu haben scheinen.

Deshalb ist die kosmische Hintergrundstrahlung eine Art Babyfoto des Universums. Sie ist – wenn das Universum ein 40-jähriger Mensch wäre – ein Schnappschuss des 10 Stunden alten Babys.

Die kosmische Hintergrundstrahlung wurde in den 1960er Jahren durch Zufall von den zwei amerikanischen Physikern **Arno Penzias** und **Robert Wilson** entdeckt. Sie empfingen mit ihrer Funkantenne ein störendes Hintergrundgeräusch, das sie nicht loswerden konnten. Die Vermutung, dass die Verschmutzung der Antenne durch Taubenkot die Ursache war, erwies sich als falsch – was sie empfangen hatten, war der **Nachhall des Urknalls**.

Auch du kannst mit einem analogen Radio- oder Fernsehgerät die kosmische Hintergrundstrahlung empfangen. Ein Prozent des knisternden Störgeräusches zwischen den Sendern wird vom uralten Licht aus den Geburtsstunden des Universums verursacht.

Die Suche nach Aliens

Zweifelsfrei eine der größten aller Fragen: Sind wir allein im Universum? Um sie zu beantworten, suchen Astronomen das All nach Planeten rund um andere Sterne ab.

Willkommen

Solche Planeten sind zu weit weg und zu dunkel, um sie direkt sehen zu können. Deshalb haben Astronomen kluge Tricks entwickelt, um sie dennoch aufspüren zu können. Wissenschaftler lauschen auch mit Radioteleskopen ins All. Schon seit vielen Jahrzehnten durchforsten sie das Weltall auf der Suche nach Nachrichten von Aliens – bislang aber ohne Erfolg.

Wenn ein Planet bei seinem Umlauf einen Teil seines Sterns verdeckt – so wie bei einer Sonnenfinsternis – können wir messen, dass der Stern etwas dunkler wird. Außerdem üben Planeten eine gewisse Anziehungskraft auf ihren Stern aus. Der Stern schlingert deswegen etwas, was wir in seinem Licht feststellen können.

Wir können auch heraus-finden, wie weit entfernt ein Planet von seinem Stern ist. Dadurch wissen wir, wie heiß er ist und ob es Wasser geben könnte. Unter Astrophysikern herrscht große Aufregung, wenn ein Planet in der so-genannten **LEBENSZONE** gefunden wird, in der es **nicht zu heiß** und **nicht zu kalt ist für flüssiges Wasser**. Dort könnte es möglicherweise auch Leben geben.

Wie alt ist ein Stern?

Wie aber bestimmt man das Alter eines Sterns und woraus er besteht? Wir sind nun einmal zu weit weg, um einfach hinzufliegen. Und selbst wenn wir das könnten, würden es die Temperaturen unmöglich machen. Der Sonne könnten wir uns – selbst in einem Weltraumanzug – nur auf 5 Millionen Kilometer nähern, bevor wir geröstet würden.

Der Lebenszyklus eines Sterns

Sterne haben wie wir Menschen einen Lebenszyklus. Gelbe Sterne wie unsere Sonne bleiben Milliarden von Jahren wie sie sind, bevor sie sich zu einem Roten Riesen aufblähen und dabei abkühlen. Größere, blaue Sterne wachsen immer weiter an, bis sie irgendwann in sich zusammenfallen und daraufhin – in einer Supernova – explodieren (siehe Seite 74–75).

Um das Alter eines Sterns zu ermitteln, nutzen Astrophysiker das Licht der Sterne selbst. Wenn man Sternenlicht durch ein (prismenähnliches) Messinstrument namens **SPEKTROMETER** fallen lässt, kann man es in das vertraute Spektrum der Regenbogenfarben brechen. Bei genauem Hinschauen sieht man, dass einige Farbtöne fehlen. Das liegt daran, dass verschiedene chemische Elemente diese Farbtöne aus dem Sternenlicht geschluckt haben, bevor es in den Weltraum hinausgelangte. Dieses Licht ist wie ein Barcode, der uns genau verrät, woraus ein Stern gemacht ist.

Dieses Wissen nutzen Astrophysiker zur Altersbestimmung. Im jungen Universum gab es nur Wasserstoff und Helium, woraus Sterne entstehen konnten. Später kamen immer mehr Elemente dazu. Deshalb besteht ein sehr alter Stern nur aus Helium und Wasserstoff, während jüngere Sterne einen vielfältigeren Aufbau – und mehr fehlende Farben im Spektrum – aufweisen.

Das dunkle Universum

Das Universum ist wie ein Eisberg: das Bisschen, das wir davon sehen, ist nur ein winziger Teil des Ganzen. Die Wissenschaftler sind sich im Klaren, dass sie nicht wissen, woraus der Rest besteht.

Auf Seite 18 haben wir erklärt, dass alles um uns herum aus Atomen besteht. Das scheint aber nicht fürs All zuzutreffen. Atome machen nur 5 Prozent des Universums aus. Den Rest bilden zwei mysteriöse Substanzen: DUNKLE MATERIE und DUNKLE ENERGIE.

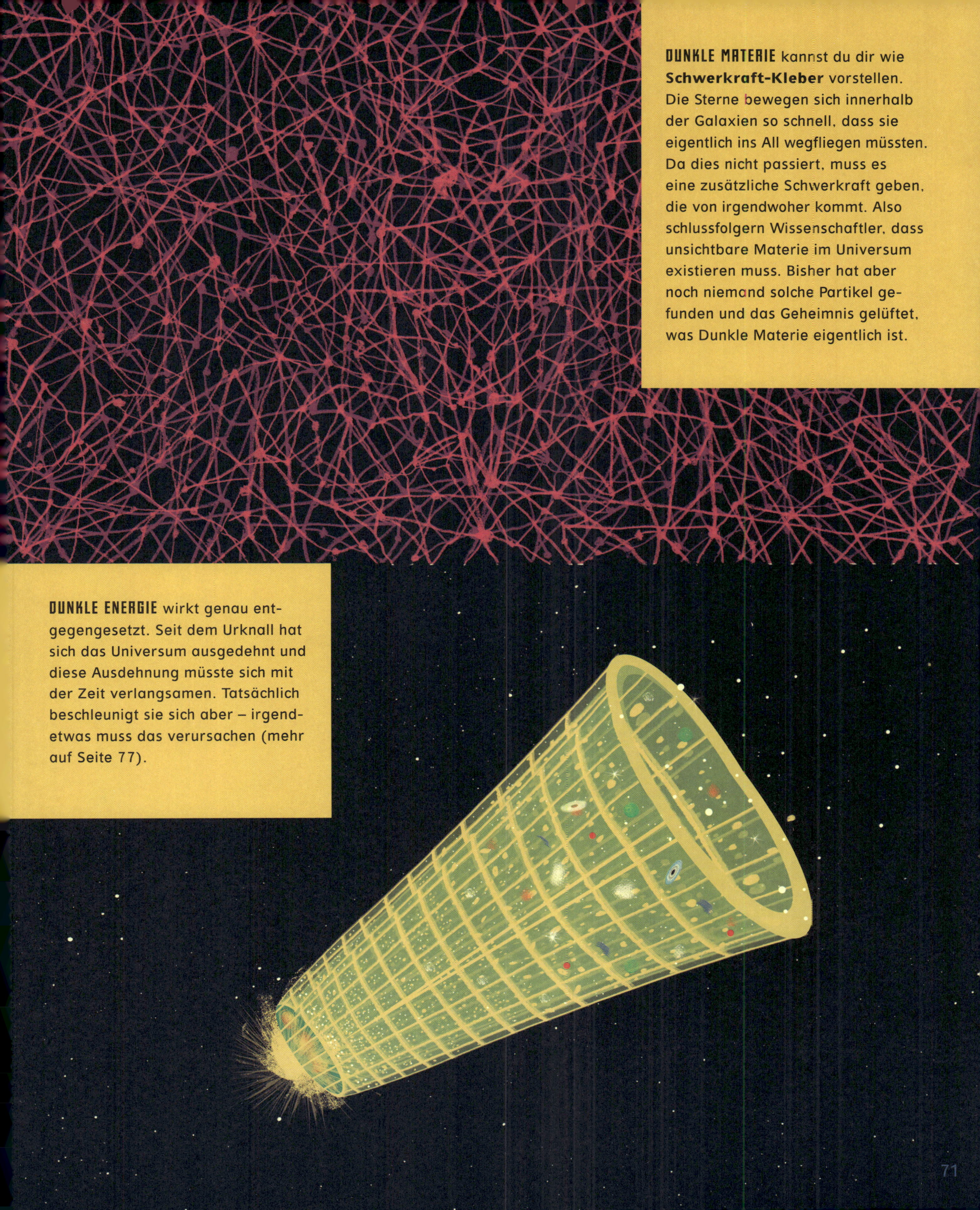

DUNKLE MATERIE kannst du dir wie **Schwerkraft-Kleber** vorstellen. Die Sterne bewegen sich innerhalb der Galaxien so schnell, dass sie eigentlich ins All wegfliegen müssten. Da dies nicht passiert, muss es eine zusätzliche Schwerkraft geben, die von irgendwoher kommt. Also schlussfolgern Wissenschaftler, dass unsichtbare Materie im Universum existieren muss. Bisher hat aber noch niemand solche Partikel gefunden und das Geheimnis gelüftet, was Dunkle Materie eigentlich ist.

DUNKLE ENERGIE wirkt genau entgegengesetzt. Seit dem Urknall hat sich das Universum ausgedehnt und diese Ausdehnung müsste sich mit der Zeit verlangsamen. Tatsächlich beschleunigt sie sich aber – irgendetwas muss das verursachen (mehr auf Seite 77).

Schwarze Löcher

Du kannst diese Worte sehen, weil Licht von der Seite zurück in deine Augen geworfen wird. Stell dir vor, dass das Buch alles Licht, das es trifft, schlucken würde. Du würdest niemals herausbekommen, was darin steht. Genau das passiert bei Schwarzen Löchern.

Wenn ein wirklich großer Stern stirbt, krümmt er das All um sich herum so stark, das kein Licht mehr entkommen kann. Um einem Schwarzen Loch zu entkommen, müsste man schneller sein als Licht – und wir wissen, dass dies nicht möglich ist (siehe Seite 44).

Was aber würde passieren, wenn du unglücklicherweise in ein Schwarzes Loch fallen würdest? Nichts Gutes! Der Unterschied der Schwerkraft zwischen deinem Kopf und deinen Füßen wäre größer als der Zusammenhalt deiner Atome, was bedeutet, dass du **gedehnt und auseinandergezogen** würdest: SPAGHETTIFIKATION ist der anschauliche Fachausdruck. Aber bisher weiß niemand, was mit deinen spaghettifizierten Atomen im Inneren des Schwarzen Lochs passieren würde.

Alles kann ein Schwarzes Loch sein, es muss nur kompakt genug sein. Würde die Erde auf die Größe eines Fingernagels schrumpfen, könnte kein Licht entwischen, weil die Erde dann so dicht wäre, dass sich nichts aus ihrer Schwerkraft befreien könnte.

Standardkerzen

Zwei Sterne umkreisen sich in einem Tanz der Schwerkraft. Wenn das Leben von einem endet, bleibt ein **kleiner Kern** in der Größe der Erde zurück: ein **WEISSER ZWERGSTERN**. Der Weiße Zwerg beginnt seinen Nachbarn zu verschlingen, er stielt ihm Gas und baut sich auf. Aber er ist zu gierig, schluckt zu viel und explodiert schließlich – durchs halbe Universum hell sichtbar – mit großer Wucht.

Durch solche kataklysmischen Ereignisse – 1a-Supernova genannt – können Astrophysiker die Entfernung zu weit entfernten Galaxien bestimmen. Weiße Zwerge explodieren, wenn sie circa das 1,4-fache der Sonnenmasse erreicht haben. Diese Massenobergrenze heißt – nach dem gleichnamigen Astrophysiker, der sie als 19-Jähriger auf einer Schiffsreise ausrechnete – **CHANDRASEKHAR-GRENZE**.

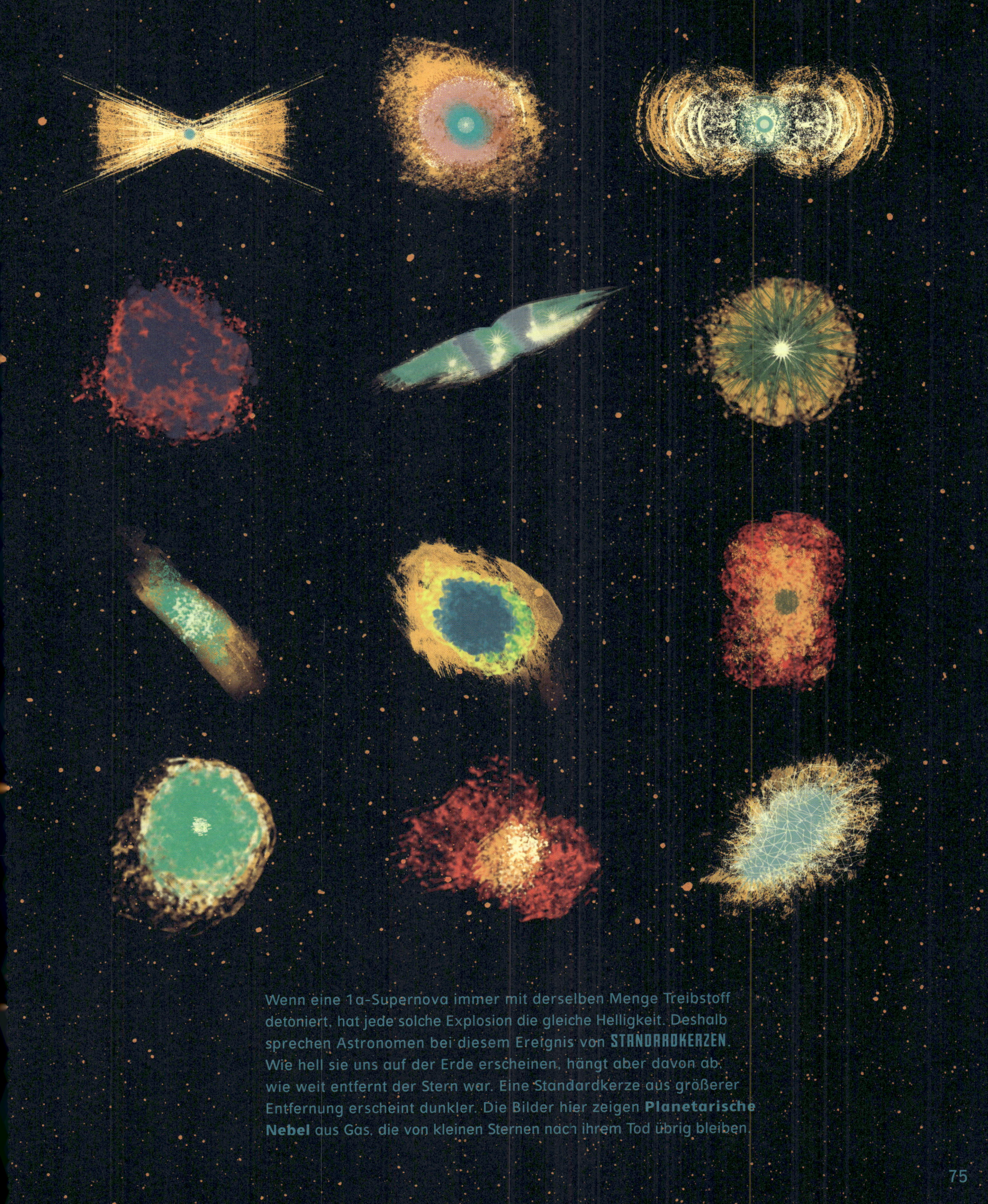

Wenn eine 1a-Supernova immer mit derselben Menge Treibstoff detoniert, hat jede solche Explosion die gleiche Helligkeit. Deshalb sprechen Astronomen bei diesem Ereignis von **STANDARDKERZEN**. Wie hell sie uns auf der Erde erscheinen, hängt aber davon ab, wie weit entfernt der Stern war. Eine Standardkerze aus größerer Entfernung erscheint dunkler. Die Bilder hier zeigen **Planetarische Nebel** aus Gas, die von kleinen Sternen nach ihrem Tod übrig bleiben.

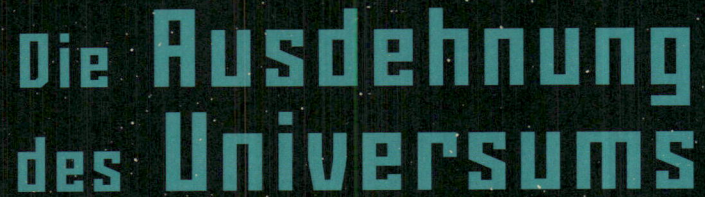

Die Ausdehnung des Universums

Hast du jemals bemerkt, dass sich der Ton der Sirene eines Krankenwagens ändert, wenn er an dir vorbeifährt? Dieser Effekt heißt **DOPPLER-EFFEKT**. Astrophysiker verwenden dieselbe Idee, um zu erklären, wie unser Universum seinen Anfang nahm.

Wenn sich dir ein Krankenwagen nähert, werden die Schallwellen, die seine Sirene aussendet, zusammengedrückt – die Wellenlänge sinkt, der Ton wird höher. Entfernt er sich, dehnen sich die Schallwellen aus – der Ton der Sirene wird tiefer.

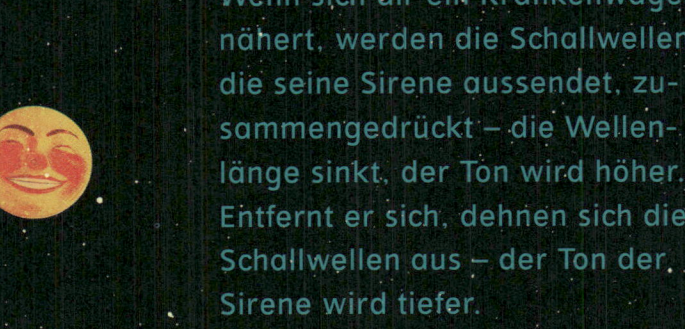

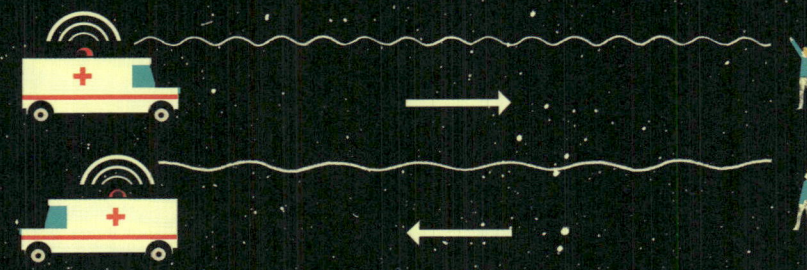

Da auch Licht eine Welle ist, passiert dasselbe mit bewegten Lichtquellen. Nur ist es nicht der Ton, der sich ändert, sondern die Farbe. Sich nähernde Lichtquellen erscheinen blauer (Blauverschiebung) und sich entfernende roter (Rotverschiebung).

In den 1920er-Jahren wurde beobachtet, dass das Licht fast aller Galaxien des Universums rotverschoben ist – sie alle bewegen sich von uns weg. Daraus schlossen die Physiker, dass sich das Universum ausdehnt und diese Ausdehnung mit dem **Urknall vor knapp 14 Milliarden Jahren** begann. Dies nennt man URKNALL-THEORIE. Die Dunkle Energie, die diese Ausdehnung vorantreibt, ist eins der größten Geheimnisse aller Zeiten.

Aber es gibt neben der Dunklen Energie noch viel mehr zu erforschen: Gibt es Leben auf anderen Planeten? Was passiert im Inneren eines Schwarzen Lochs? Wer weiß, was wir demnächst entdecken und wo es uns hinführen wird!